Markus Simon

Röntgenlinsen mit großer Apertur

Schriften des Instituts für Mikrostrukturtechnik
am Karlsruher Institut für Technologie
Band 4

Hrsg. Institut für Mikrostrukturtechnik

Eine Übersicht über alle bisher in dieser Schriftenreihe erschienenen
Bände finden Sie am Ende des Buchs.

Röntgenlinsen mit großer Apertur

von
Markus Simon

Dissertation, Karlsruher Institut für Technologie
Fakultät für Maschinenbau
Tag der mündlichen Prüfung: 08. März 2010
Hauptreferent: Prof. Dr. Volker Saile
Korreferent: Prof. Dr. Ronald Frahm

Impressum

Karlsruher Institut für Technologie (KIT)
KIT Scientific Publishing
Straße am Forum 2
D-76131 Karlsruhe
www.uvka.de

KIT – Universität des Landes Baden-Württemberg und nationales
Forschungszentrum in der Helmholtz-Gemeinschaft

KIT Scientific Publishing 2010
Print on Demand

ISSN: 1869-5183
ISBN: 978-3-86644-530-7

Röntgenlinsen mit großer Apertur

Zur Erlangung des akademischen Grades eines
Doktors der Ingenieurwissenschaften
der Fakultät Maschinenbau
des Karlsruher Instituts für Technologie

genehmigte **Dissertation** von

Diplom–Ingenieur Markus Simon

Tag der mündlichen Prüfung: 08.03.2010
Hauptreferent: Prof. Dr. Volker Saile
Korreferent: Prof. Dr. Ronald Frahm

Kurzfassung

Bis heute nutzen nahezu alle bildgebenden röntgenoptischen Verfahren den Schattenwurf absorbierender Objekte. Für viele Anwendungen sind gebündelte Röntgenstrahlen von Vorteil; sei es, um die Auflösung eines bildgebenden Systems zu erhöhen, oder um den Zeitaufwand für ein Experiment durch einen größeren Photonenfluss zu verringern. Von fokussierenden Röntgenoptiken sind bei Photonenenergien oberhalb von etwa 15 keV refraktive Linsen durch ihre höhere Effizienz in diesem Bereich besonders günstig. Ziel der Arbeit war die Entwicklung von großaperturigen und besonders transparenten Röntgenlinsen. Hierzu erwies es sich als vorteilhaft, das Verhältnis der Anzahl der brechenden Linsenoberflächen zum absorbierenden Linsenvolumen zu erhöhen. Dadurch vergrößert sich der Gesamtbrechungswinkel eines einfallenden Strahls in Bezug auf das durchlaufene Linsenmaterial und damit erhöht sich die Transparenz der Optik. Die im Rahmen dieser Arbeit entwickelten Linsen sind aus vielen Tausend Einzelprismen mit Kantenlängen im Mikrometerbereich aufgebaut. Das röntgentiefenlithographische Herstellungsverfahren ist besonders geeignet zur Herstellung von präzise zueinander positionierten Prismen mit glatten Seitenwänden mit hohem Aspektverhältnis. Solche hochtransparenten Röntgenprismenlinsen mit Aperturen größer 1 mm für Energien von 8 keV bis 24 keV wurden bei Fokusdurchmessern kleiner 10 µm und optischen Effizienzen um 40 % realisiert. Weiterhin wurden gerollte Röntgenlinsen aus einer mikrostrukturierten und entsprechend den Anforderungen an Brennweite und Photonenenergie zugeschnittenen Folie aus Polyimid entwickelt. Die Folie wird durch Abformen der Oberfläche eines anisotrop geätzten Siliziumwafers hergestellt und erreicht Rauwerte im einstelligen Nanometerbereich. Sie trägt nach der Strukturierung auf einer Seite parallele Rippen mit dreiecksförmigem Querschnitt und gleicht damit der Oberfläche eines Spargelfelds. Die gemessene Größe des annähernd elliptischen Fokus betrug 18 µm×31 µm, die berechnete optische Effizienz lag bei 37 %. Zukünftige Arbeiten werden sich auf die Erhöhung des Aspektverhältnisses bei den Prismenlinsen und die Erhöhung der Genauigkeit des Rollvorgangs bei Rolllinsen konzentrieren.

Abstract

Up to now, most X–ray imaging setups are based on absorption contrast imaging. There is a demand for focused X–rays in many X–ray analysis applications, either to increase the resolution of an imaging system, or, to reduce the time effort of an experiment through higher photon flux. For photon energies higher than 15 keV refractive X–ray optics are more efficient in comparison to non-refractive X–ray optics. The aim of this work was to develop X–ray lenses with large apertures and high transparency. By increasing the number of refracting surfaces while removing unnecessary lens material such lenses have been developed. Utilizing this approach the overall beam deflection angle is large with respect to the lens material it propagates through and so the transparency of the lens is increased. Within this work, X–ray lenses consisting of several thousands of prisms with an edge length in the range of micrometers have been developed and fabricated by deep X–ray lithography. Deep X–ray lithography enables high precision microstrucures with smooth sidewalls and large aspect ratios. The aperture of high-transparency X–ray lenses made this way is greater than 1 mm. They are suitable for photon energies in the range of 8 keV to 24 keV and offer a focal width of smaller than 10 µm at a transparency of around 40 %. Furthermore, rolled X–ray lenses have been developed, that are made out of a microstructured polyimide film, which is cut according to the requirements regarding focal length and photon energy. The micro structured film is fabricated by molding, using an anisotropically etched silicon wafer as molding tool. Its mean roughness is in the range of nanometers. The film features prismatic structures, its surface topology is similar to an asparagus field. The measured diameter of the point focus was 18 µm to 31 µm, the calculated opticla efficiency was 37 %. Future work will concentrate on increasing the aspect ratio of Prism Lenses and on increasing the rolling accuracy of Rolled X–ray Prism Lenses.

Danksagung

Besonderer Dank gilt meinem Doktorvater Herrn Prof. Dr. Volker Saile für die Übernahme des Hauptreferates. Ich danke für die Unterstützung dieser Arbeit sowie für viele wegweisende Hinweise an entscheidenden Stellen während meiner Zeit am Institut. Herrn Prof. Dr. Ronald Frahm danke ich herzlich für die Übernahme des Korreferats.

Für seine Hilfe und Unterstützung nicht nur in fachlichen Fragen danke ich Herrn Dr. Arndt Last. Viele Ideen wären ohne die langen und äußerst fruchtbaren Diskussionen über diese Arbeit und was die Mikrowelt im Innersten zusammenhält nicht entstanden. Auch für die stets konstruktive kritische Prüfung von Schriftstücken sowie von Ergebnissen danke ich ihm sehr. Ohne ihn wäre die Erstellung der Arbeit in der vorliegenden Form nicht möglich gewesen. Weiterhin danke ich Herrn Dr. Jürgen Mohr für die große Unterstützung der Arbeit und für die Korrektur der Dissertation, sowie für seine Hilfe bei der Koordination des Projektes.

Frau Dr. Elena Reznikova und Herrn Dr. Vladimir Nazmov danke ich für ihre Hilfe bei der Beantwortung von Fragen und der Lösung von Problemen der Röntgenoptik. Vielen Dank für die Einführung eines unbedarften Doktoranden in dieses Gebiet der Wissenschaft und ihre stete Unterstützung während der Arbeiten zur Promotion.

Vielen Dank auch an meinen Zimmergenossen Thomas Grund, mit dem ich viele Stunden in verschiedenen Laboren verbracht habe, und der immer die erste Instanz hinsichtlich der Bewertung neuer Ideen darstellte.

Dr. Berthold Krevet danke ich für viele Anregungen hinsichtlich der Simulation von röntgenoptischen Systemen. Dank auch an alle anderen Mitarbeiter des Instituts die zum Gelingen dieses Projekts beigetragen haben, besonders an Heike Fornasier für ihre Unterstützung bei Arbeiten im Reinraum, und an Alexandra Moritz, die technische Zeichnungen entgegengenommen hat, die nicht immer eines Maschinenbauers würdig waren.

Meinen Eltern Irene und Thomas Simon danke ich für die bedingungslose Unterstützung während meiner gesamten fast dreißig Jahre währenden Ausbildung vom Sprechenlernen bis zur Promotion. Nicht zuletzt danke ich Katrin Brücher für ihre endlose Geduld mit mir, besonders während des Verfassens der Dissertation gegen Ende der Promotion, und dafür, dass Sie es immer verstanden hat mir neuen Mut auf Durststrecken zu geben.

Karlsruhe, im Februar 2010   *Markus Simon*

Inhaltsverzeichnis

1 Einleitung

Seit der Entdeckung der Röntgenstrahlung durch Wilhelm Conrad Röntgen im Jahre 1895, für die ihm Jahre 1901 der erste Nobelpreis für Physik verliehen wurde, eröffneten sich immer neue bedeutende wissenschaftliche und technische Anwendungsfelder der von ihm so genannten X-Strahlen. Die Anwendungen erstrecken sich heute von medizinischer Diagnostik und Therapie über zerstörungsfreie Werkstoffprüfung bis hin zu spezielleren Anwendungen wie die Fertigung von hochpräzisen Mikrostrukturen.

Röntgenstrahlung überdeckt einen weiten Wellenlängenbereich von etwa 10 nm bis 1 pm. Mit weicherer Röntgenstrahlung kann die chemische Zusammensetzung eines Stoffes durch Anregung von Fluoreszenzstrahlung ermittelt werden, womit beispielsweise kunsthistorisch bedeutsame Gemälde und Schriften auf ihre Zusammensetzung hin untersucht werden [17]. Mit härterer Röntgenstrahlung ist die kristallographische Analyse einer Probe möglich, da die Wellenlänge in der Größenordnung der atomaren Abstände liegt. Auf diese Weise ließ sich die vollständige dreidimensionale Struktur des Pflanzenfarbstoffs Chlorophyll aufklären, was 1988 mit dem Nobelpreis für Chemie gewürdigt wurde [8].

Bis heute nutzen nahezu alle bildgebenden Verfahren den Schattenwurf absorbierender Objekte. Der Bildkontrast ergibt sich hierbei aus dem unterschiedlichen Grad der Absorption der durchstrahlten Proben. Mit modernen Röntgenapparaten können Objekte von der Größe eines Zahnes bis hin zum Lastkraftwagen durchleuchtet werden. Die erreichte Auflösung der Bilder liegt dabei im Bereich von zehntel Millimetern.

Für viele Anwendungen sind gebündelte Röntgenstrahlen von Vorteil; sei es, um die Auflösung eines bildgebenden Systems zu erhöhen oder um den Zeitaufwand für ein Experiment durch einen größeren Photonenfluss zu verringern. Es gibt verschiedene Möglichkeiten, Röntgenlicht zu fokussieren. Unter anderem durch Reflexion an gekrümmten Röntgenspiegeln, Beugung an Zonenplatten oder durch Brechung an refraktiven Röntgenlinsen lassen sich kleine Fokusdurchmesser realisieren. Bei Photonenenergien oberhalb von etwa 15 keV ist die Verwendung von refraktiven Linsen durch ihre höhere Effizienz in diesem Bereich von Vorteil.

Die ersten technisch nutzbaren refraktiven Röntgenlinsen wurden erst in den neunziger Jahren des zwanzigsten Jahrhunderts an der *European Synchrotron Radiation Facility (ESRF)* in Grenoble entwickelt. Sie bestanden aus einer Reihe in einen Aluminium-block gebohrter Löcher mit Durchmessern im Millimeterbereich. Entscheidende Ver-besserungen erfuhren refraktive Röntgenlinsen durch Einführung parabolischer Linsen-profile, womit sphärische Abberation vermieden wird, und durch ihre Miniaturisierung, wodurch kurze Brennweiten bis in den Millimeterbereich möglich wurden. Eine große Herausforderung bei der Entwicklung von refraktiven Röntgenlinsen ist die Reduzie-rung der Absorption in den Linsen, welche die maximal sinnvolle Apertur der Linsen und damit die Transmission der Linsen beschränkt. Einer zu großen Absorption kann durch die Wahl besonders leichter Linsenmaterialien wie Beryllium oder Diamant, aber auch durch geschickte Anpassung der Linsengeometrie begegnet werden.

Ziel der Arbeit war die Entwicklung von großaperturigen und besonders transparenten Röntgenlinsen. Hierzu erwies es sich als vorteilhaft, das Verhältnis der Anzahl der brechenden Linsenoberflächen zum absorbierenden Linsenvolumen zu erhöhen. Dadurch vergrößert sich der Gesamtbrechungswinkel eines einfallenden Strahls in Bezug auf das durchlaufene Linsenmaterial und es können mehr Photonen in den Fokus gelenkt werden. Die im Rahmen dieser Arbeit entwickelten Linsen sind aus vielen Tausend Einzelelementen mit Abmessungen im Mikrometerbereich aufgebaut. Solche hochtransparenten Linsen mit Aperturen größer 1 mm für Energien von 8 keV bis 24 keV, beispielsweise im Einsatz als Kondensorlinsen in Röntgenmikroskopen, können durch den hohen damit erreichbaren Photonenfluss hochauflösende Röntgenaufnahmen bewegter Objekte oder die Aufnahme entsprechender Filmsequenzen ermöglichen. Sie können die Messzeiten an Aufbauten, in denen die intensitätsschwache Strahlung aus Röntgenröhren genutzt wird, durch den erhöhten Photonenfluss entscheidend verkürzen. In der vorliegenden Arbeit werden zunächst die Grundlagen zu Röntgenstrahlung dargestellt (Kapitel 2). Dabei wird einerseits auf ihre Erzeugung und andererseits auf ihre Wechselwirkung mit Materie eingegangen, um die Funktionsweise von refraktiven Röntgenlinsen verständlich zu machen. Der heutige Entwicklungsstand im Bereich der Röntgenoptiken wird in Kapitel 3 dargestellt. Es wird zwischen beugenden und brechenden Optiken unterschieden. In Kapitel 4 werden die beiden in dieser

Arbeit verfolgten Ansätze zur Realisierung von refraktiven Röntgenoptiken mit großer Apertur sowohl aus theoretischer Sicht diskutiert als auch die entwickelten Prozesse zu deren erfolgreicher Herstellung beschrieben. Ergebnisse der röntgenoptischen Charakterisierung werden schließlich in Kapitel 5 dargestellt, wobei zum Einen die apparativen Aufbauten und zum Anderen die experimentellen Ergebnisse beschrieben werden. Die Arbeit schließt mit einer Zusammenfassung und einem Ausblick, in dem das Potential der Linsen und die zukünftigen Forschungs– und Entwicklungsarbeiten erörtert werden.

2 Grundlagen

Der Begriff Röntgenstrahlung bezeichnet kurzwellige elektromagnetische Strahlung im Wellenlängenbereich zwischen Ultraviolett- und Gammastrahlung. Das Spektrum ihrer Wellenlänge reicht etwa von 10 nm bis 10 pm. Zur Beschreibung von Röntgenstrahlung hat sich in der Röntgenoptik die Angabe der Photonenenergie E/keV durchgesetzt, die über das Plancksche Wirkungsquantum h und die Lichtgeschwindigkeit c_0 mit der Lichtwellenlänge λ nach $E = \frac{c_0 h}{\lambda}$ verknüpft ist. Die Grenze zwischen Röntgen- und Gammastrahlung ist nicht scharf definiert, die den Begriffen zugeordneten Wellenlängen überschneiden sich in einem großen Bereich. Die Begriffe unterscheiden vielmehr die Entstehung der Strahlung; im Falle von Röntgenstrahlung sind Elektronenprozesse für die Erzeugung der Strahlung verantwortlich; im Falle von Gammastrahlung wird die Strahlung durch Kernprozesse erzeugt. In diesem Kapitel werden die wichtigsten Methoden ihrer technischen Erzeugung und die Wechselwirkung von Röntgenstrahlung mit der Umgebung diskutiert.

2.1 Röntgenquellen

Neben natürlichen Röntgenquellen wie bestimmten astronomischen Objekten und radioaktiven Isotopen werden hauptsächlich technische Quellen wie Röntgenröhren, Synchrotronquellen sowie (Laser–) Plasmaquellen genutzt. Tabelle 2.1 gibt eine Übersicht über die Eigenschaften der in den nächsten Abschnitten dargestellten Röntgenquellen. Im Folgenden werden die Eigenschaften von Strahlung aus diesen Quellen und ihr prinzipieller Aufbau beschrieben.

2.1.1 Synchrotronquellen

In einer Synchrotronstrahlungsquelle werden Elektronenpakete bei relativistischen Geschwindigkeiten innerhalb eines hochevakuierten Rohres durch Elektromagnete auf einer polygonförmigen Bahn mit abgerundeten Ecken gehalten. Die kinetische Energie

Quelle	Synchrotronquelle	XFEL	Röntgenröhre
Spektrum	breitbandig	monochromatisch	charakteristisch
Abstrahlchar.	Lorentz–kegel ($\propto 1/\gamma$, $1\,\mathrm{mrad}^{\dagger}$)		Torus ($2\pi\,\mathrm{sr}$)
Brillanz‡	$< 10^{24}$	$< 10^{34}$	$< 10^{12}$
Betriebsart	gepulst		kontinuierlich
Quellabstand	$> 10\,\mathrm{m}$		$< 1\,\mathrm{m}$
Quellgröße	$5\,\mu\mathrm{m} \times 100\,\mu\mathrm{m}$	$5\,\mu\mathrm{m} \times 5\,\mu\mathrm{m}$	$5\,\mu\mathrm{m} - 1\,\mathrm{mm}$
Polarisation	ja		keine

† in vertikaler Richtung, *Bending Magnet*, $\gamma = mc_0/E$ [28]

‡ Einheit: [$N_{Ph}/(\mathrm{s}\ \mathrm{mrad}^2\ \mathrm{mm}^2\ 0{,}1\%\mathrm{BW})$], mit BW: *BandWidth*

Tab. 2.1: Typische Merkmale ausgewählter technischer Röntgenquellen

der Elektronen beträgt beispielsweise an der ÅNgströmquelle KArlsruhe (ANKA) 2,57 GeV. Damit bewegen sich die Elektronen innerhalb des Speicherringes mit etwa 99,999 998 % der Lichtgeschwindigkeit im Vakuum. Abbildung 2.1 zeigt eine schematische Darstellung eines Synchrotrons mit einigen wesentlichen Baugruppen. Bei jeder Richtungsänderung, welche die Ablenkmagnete (M) einem Elektronenpaket aufzwingen, geben die Elektronen Energie in Form elektromagnetischer Strahlung – der Synchrotronstrahlung – ab. Die dadurch verlorene Energie wird ihnen auf geraden Abschnitten des Speicherringes durch Nachbeschleunigung (B) über eine synchronisierte elektromagnetische Welle wieder zugeführt. Weiterhin können auf geraden Abschnitten so genannte *Insertion Devices* wie *Undulatoren* (*to undulate*: sich wellenförmig bewegen) oder *Wiggler* (*to wiggle*: sich schlängeln)(U) aufgebaut sein [22]. Diese Geräte führen ein Elektronenpaket durch eine Anordnung von Magneten mit alternierender Feldausrichtung auf einer sinusförmigen Bahn. Während sich das Elektronenpaket durch diese Anordnung von Magneten bewegt, gibt es aufgrund der periodischen Beschleunigung Strahlung ab. Bei einem Wiggler stehen die erzeugten Strahlungskeulen nicht in einer bestimmten Phasenbeziehung, die Strahlung ist breitbandig. Im Unterschied dazu ist ein Undulator so aufgebaut, dass die Strahlungskeulen konstruktiv interferieren [36]. Die erzeugte Strahlung ist schmalbandig und weist einen geringeren Öffnungswinkel der Strahlungskeule als bei Wigglern auf, sie ist damit brillanter. Durch die relativistische Geschwindigkeit

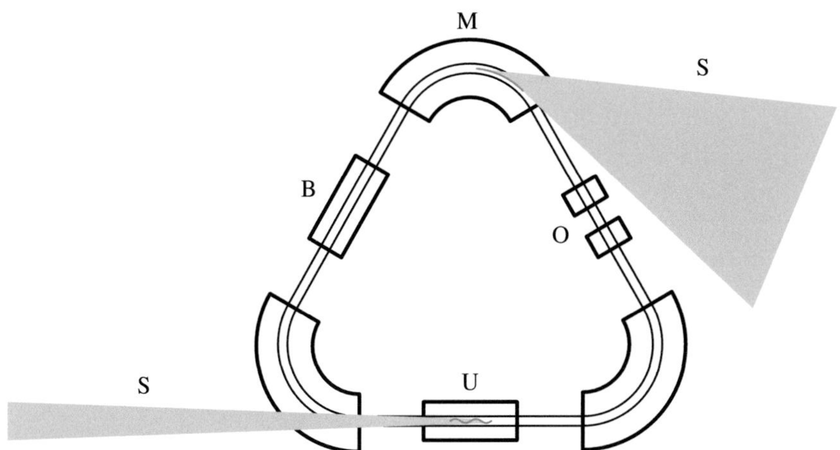

Abb. 2.1: Schematische Darstellung eines Synchrotrons mit wesentlichen Baugruppen

der Elektronen wird die Synchrotronstrahlung in einer Vorzugsrichtung tangential zur Elektronenbahn mit einem Divergenzwinkel in der Größenordnung von Millirad abgegeben. Dadurch wird mit Synchrotronquellen eine Brillanz erreicht, die die von Röntgenröhren um etwa 12 Größenordnungen übertrifft.

2.1.2 Röntgenröhren

Um mit Röntgenröhren Strahlung zu erzeugen, werden mittels einer Glüh- oder Feldemissionskathode freie Elektronen erzeugt und diese auf ein Ziel – die Anode – beschleunigt (Abbildung 2.2). Der Wehneltzylinder bündelt die die Kathode verlassenden Elektronen durch sein negatives Potential bezüglich der Kathode. Die Röhre muss evakuiert sein, damit die Elektronen eine ausreichend große freie Weglänge zum Erreichen der Anode haben. Beim Auftreffen auf die Anode senden die Elektronen einerseits Bremsstrahlung aus, andererseits schlagen sie durch ihre hohe kinetische Energie kernnahe Elektronen des Anodenmaterials aus den Atomen heraus. Bei der Neubesetzung dieser Leerstellen mit Elektronen aus den äußeren Schalen wird die für das Anodenmaterial charakteristische Strahlung ausgesandt. Typische Anodenmaterialien sind Kupfer, Molybdän oder Wolfram. Strahlung, die von Röntgenröhren emittiert wird ist zum größten Teil unpolarisiert. Nur das höchstenergetische Röntgenlicht, welches ausschließlich durch Abbremsen der Elektronen in der Anode ohne weitere Wechselwirkung oder Richtungsänderung erzeugt wird, ist polarisiert.

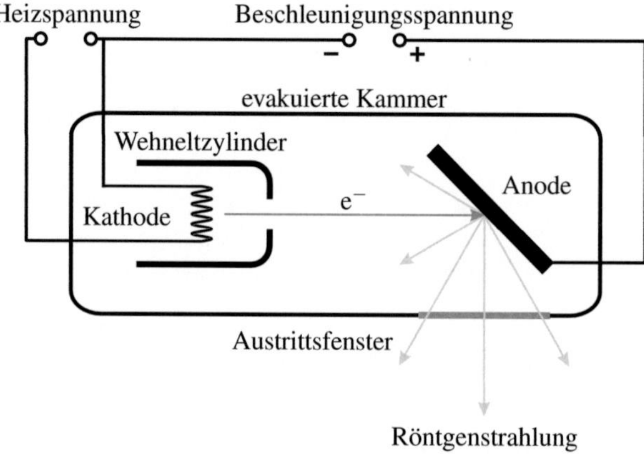

Abb. 2.2: Schematische Darstellung einer Röntgenröhre

Durch den auf die Anode fokussierten Elektronenstrahl heizt sich diese stark auf. Um deren Zerstörung durch die Hitzeeinwirkung zu verhindern, müssen die Anoden gekühlt werden. Mehr Wärme als durch feststehende Anoden kann durch Drehanoden abgeführt werden: Die rotationssymmetrischen Anoden drehen sich unter dem Elektronenstrahl weg und sorgen dadurch für eine Wärmeabfuhr durch Stofftransport. Statt einer sich drehenden Anode stehen auch Flüssigmetallanoden, die durch eine dünne Schicht gegen die Vakuumumgebung abgeschottet sind, zur Verfügung [14]. In neuerer Zeit wurden Anoden in Gestalt eines Flüssigkeitsstrahls entwickelt [15]. Unter dem Beschuss mit Elektronen verdampft der Flüssigkeitsstrahl. Dadurch begrenzt das Aufschmelzen der Anode durch den Elektronenbeschuss nicht mehr die maximale Leistungsdichte, so dass höhere Intensitäten möglich werden.

2.1.3 Freie Elektronen Röntgenlaser

Ein Freie Elektronen Röntgenlaser – im Englischen *X–Ray Free Electron Laser (XFEL)* – beruht auf der Wechselwirkung von freien Elektronen auf ihrem Weg durch ein alternierendes Magnetfeld mit Strahlung, deren Wellenlänge der von den beschleunigten Elektronen erzeugten Strahlung entspricht. Am Anfang des über hundert Meter langen Undulators haben alle Elektronen fast dieselbe Energie. Zu jeder Elektronenenergie im Undulator gehört ein bestimmter Slalomkurs und eine bestimmte Vorwärtsgeschwindigkeit. Die Elektronen wechselwirken mit der Strahlung und nehmen von ihr Energie auf oder geben Energie an sie ab. Diese Energieaufnahme oder –abgabe sorgt dafür, dass die Elektronen vorauseilen oder zurückfallen. Die Geschwindigkeit der Elektronen und die Form der Magnetfeldanordnungen sind so aufeinander abgestimmt, dass die Ladungen nach zwei Kurven im Undulator genau eine Wellenlänge zurückfallen. Die Ladungen sind dann in derselben Situation wie zuvor: Ein Elektron, das zuvor ein wenig Energie verlor, wird jetzt wieder gebremst. Andere Elektronen werden hingegen ausschließlich beschleunigt. Das geht so lange, bis alle Elektronen in Bereiche geschoben wurden, in denen kein Energieaustausch mehr stattfindet. So rücken die Elektronen zu kleinen Grüppchen, sogenannten *Microbunches*, zusammen. Die Strahlung der Elektronen ist etwa um zehn Größenordnungen intensiver als das Licht aus Synchrotronquellen der dritten Generation, da sich die Strahlung der Elektronen auf der Gesamtlänge des Undulators in den Kleinstgruppen phasenrichtig überlagert.

2.2 Wechselwirkung von Röntgenstrahlung mit Materie

Röntgenstrahlung geht wie jede Art von elektromagnetischer Strahlung mit ihrer Umgebung folgende Wechselwirkungen ein: An einer Grenzfläche zweier Medien werden Röntgenstrahlen gebrochen und reflektiert, im Inneren von Materie absorbiert und gestreut. Die Beugung von Röntgenstrahlung wird besonders an periodischen Strukturen deutlich.

2.2.1 Brechung

Ebenso wie bei sichtbarem Licht, hängen die Brechungseigenschaften eines Materials für Röntgenstrahlung von der Wellenlänge, beziehungsweise von der Photonenenergie ab. Die Brechungseigenschaften werden durch die komplexe Brechzahl n^* beschrieben, die von den Streufaktoren f' und f'' der im Material vorhandenen Atome abhängt [50]:

$$n^* = 1 - \delta - i\beta = \Re(n^*) - i\beta \qquad [2.1]$$

Hier ist δ das Brechzahldekrement und β der Extinktionskoeffizient; δ beschreibt das Brechverhalten von Röntgenstrahlung an Materie, während β die Abschwächung der Strahlung im Material definiert. δ und β ergeben sich aus den Streufaktoren wie folgt:

$$\delta = \frac{\lambda^2}{2\pi} r_0 N_A \frac{\rho}{A} (Z + f') \qquad [2.2]$$

$$\beta = \frac{\lambda^2}{2\pi} r_0 N_A \frac{\rho}{A} f'' \qquad [2.3]$$

mit dem klassischen Elektronenradius r_0, der Avogadro–Konstante N_A, der Dichte ρ, der Atommasse A, der Ordnungszahl Z und den atomaren Streufaktoren f' und f''.

Im Röntgenbereich sind sowohl das Brechzahldekrement δ als auch der Extinktionskoeffizient β kleiner als $1-10^{-4}$. Zur Veranschaulichung sind δ und β für verschiedene Kunststoffe, die in dieser Arbeit Verwendung fanden, in den Abbildungen 2.3 und 2.4 im relevanten Energiebereich dargestellt. PI steht für Polyimid, ein Kunststoff bekannt unter dem Markennamen Kapton®. PMMA steht für Polymethylmethacrylat, besser bekannt als Plexiglas®, und SU–8[1] ist ein in der Mikrosystemtechnik weit verbreiteter Negativ-Photolack. Die Wirkungsweise und das Verhalten bei Bestrahlung von SU–8 ist beschrieben in [35]. Die Materialdaten für PMMA und PI wurden aus der Literatur entnommen [16], für SU–8 wurde die chemische Zusammensetzung durch Röntgenspektroskopie bestimmt und β und δ über den mittleren atomaren Streufaktor anteilig der enthaltenen Elemente berechnet. Der höhere Extinktionskoeffizient von SU–8 im Vergleich zu PMMA und PI resultiert aus dem Antimonanteil in diesem Kunststoff.

Die Brechung von Röntgenstrahlung wird durch das snelliussche Gesetz beschrieben,

$$\frac{\sin \alpha_1}{\sin \alpha_2} = \frac{n_2}{n_1} \qquad [2.4]$$

---

[1]MicroChem Corp., Newton, MA

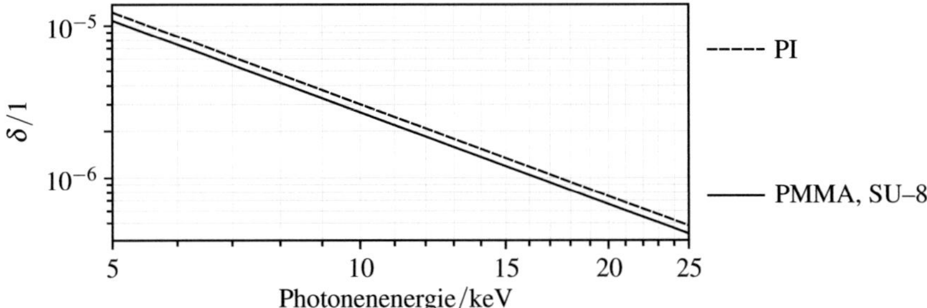

Abb. 2.3: Brechzahldekrement δ im relevanten Energiebereich für eine Auswahl von Materialien, die in dieser Arbeit Verwendung fanden

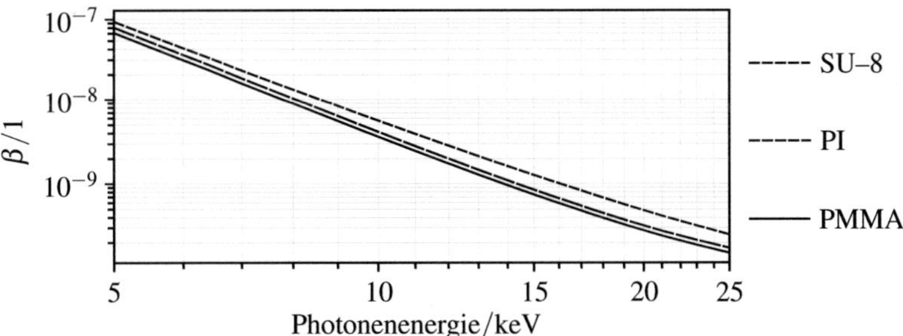

Abb. 2.4: Extinktionskoeffizient β im relevanten Energiebereich für eine Auswahl von Materialien, die in dieser Arbeit Verwendung fanden

wobei n_1 und n_2 jeweils die Realteile $\Re(n_1^*)$ und $\Re(n_2^*)$ der komplexen Brechungsindizes der beteiligten Medien darstellen. Als Besonderheit für den Röntgenbereich gilt, dass der Realteil der komplexen Brechzahl aller Materialien für Röntgenstrahlung kleiner als 1 ist. Dies wirkt sich so aus, dass aus Vakuum oder gasartigen Medien in flüssige oder feste Materie einfallendes Röntgenlicht nicht wie sichtbares Licht an der Grenzfläche zum Lot hin (Abbildung 2.5b), sondern vom Lot weg gebrochen wird (Abbildung 2.5a).

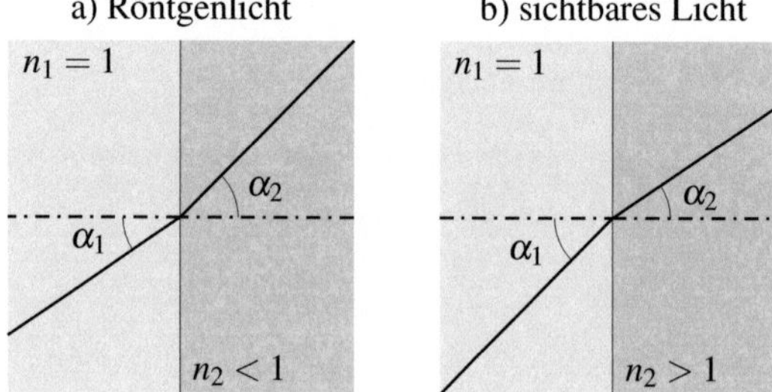

Abb. 2.5: Brechverhalten von Röntgenlicht (links) und sichtbarem Licht (rechts); für Röntgenlicht ist $\alpha_2 > \alpha_1$, für sichtbares Licht ist $\alpha_2 < \alpha_1$

2.2.2 Absorption

Beim Durchdringen von Materie verringert sich die Intensität I der Strahlung gegenüber ihrem Anfangswert, da ein Teil der Strahlung im Material absorbiert wird. Ändert sich die Dicke des durchdrungenen Materials um einen sehr kleinen Wert $\mathrm{d}l$, ändert sich die Intensität der Strahlung nach Durchdringen des Materials um den Wert $-\mathrm{d}I$, proportional zu I und $\mathrm{d}l$:

$$-\mathrm{d}I \propto I\,\mathrm{d}l \qquad [2.5]$$

Mit der Proportionalitätskonstante $\mu_{\mathrm{lin}}(\lambda)$, dem linearen Schwächungskoeffizienten, lässt sich Gleichung 2.5 als Gleichung schreiben, und durch Umstellen ergibt sich:

$$\frac{-\mathrm{d}I}{I} = \mu_{\mathrm{lin}}(\lambda)\,\mathrm{d}l \qquad [2.6]$$

Durch Integration von Gleichung 2.6 über die Materialdicke l, über der sich die Anfangsintensität I_0 auf I_l verringert, ergibt sich

$$\int_{I_0}^{I_1} \frac{-\mathrm{d}I}{I} = \mu_{\text{lin}}(\lambda) \int_0^l \mathrm{d}l \quad \Rightarrow \quad \ln\left(\frac{I_1}{I_0}\right) = -\mu_{\text{lin}}(\lambda)l \qquad [2.7]$$

und durch Umstellen ergibt sich das lambert–beersche Gesetz:

$$I_1(l) = I_0 \mathrm{e}^{-\mu_{\text{lin}}(\lambda)l} \qquad [2.8]$$

Durch Dividieren von $\mu_{\text{lin}}(\lambda)$ durch die Dichte ρ des Materials ergibt sich der massebezogene Schwächungskoeffizitent $\mu_\rho(\lambda)$. Abbildung 2.6 zeigt den massebezogenen Schwächungskoeffizienten am Beispiel von Kohlenstoff über einen Photonenenergiebereich von 1 keV bis 1 GeV. Grau hinterlegt ist der für diese Arbeit interessante Energiebereich von 5 keV bis 25 keV. Die Daten wurden aus der Literatur entnommen [5]. Die

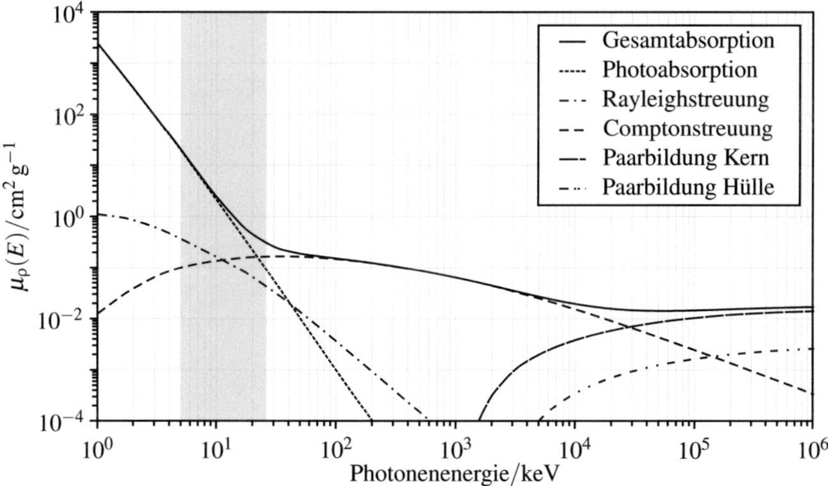

Abb. 2.6: Massenabsorptionskoeffizient μ_ρ für Kohlenstoff im Photonenenergiebereich von 1 keV bis 1 GeV

Gesamtabsorption setzt sich aus verschiedenen Einzeleffekten zusammen, von denen photoelektrische Absorption und Comptonstreuung in dem hier relevanten Energiebereich dominant sind.

Der lineare Schwächungskoeffizient ist direkt mit dem Imaginärteil β der komplexen Brechzahl n^* und der Wellenlänge λ durch $\mu_{\text{lin}} = \frac{4\pi\beta}{\lambda}$ verknüpft. Das lambert–beersche Gesetz lässt sich damit folgendermaßen formulieren:

$$I(l) = I_0 e^{-\frac{4\pi\beta}{\lambda} l} \qquad\qquad [2.9]$$

Durch die Umrechnung der Wellenlänge λ in die Energieeinheit Elektronenvolt und die Verwendung der Längeneinheit Mikrometer – in dieser Größenordnung liegen überwiegend die Strukturgrößen in dieser Arbeit – für l, wird Gleichung 2.9 zu

$$I(l) = I_0 e^{-\frac{4\pi\beta E[\text{eV}]}{1{,}24} l[\mu\text{m}]} \qquad\qquad [2.10]$$

Die Zahl 1,24 resultiert aus der Verwendung dieser Einheiten.

2.2.3 Beugung

Röntgenbeugung wird beispielsweise zur strukturellen Untersuchung von Kristallen genutzt. Da bei Kristallen der Abstand der Gitterebenen im Bereich der Wellenlänge der Röntgenstrahlung liegt, tritt die Beugung besonders deutlich zu Tage. Bei der Reflexion an Kristallebenen eines Einkristalls tritt konstruktive Interferenz auf, wenn der Gangunterschied – in Abbildung 2.7 dargestellt als gestrichelte Linie – den zwei Wellenzüge bei der Reflexion an zwei Kristallebenen erfahren einem ganzzahligen Vielfachen der Wellenlänge der Röntgenstrahlung entspricht. Aus Abbildung 2.7 ergibt

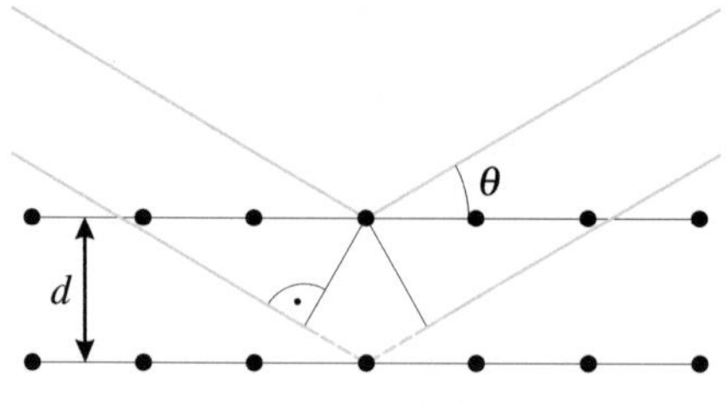

Abb. 2.7: Bragg-Reflexion

sich der Zusammenhang zwischen dem ganzzahligen Vielfachen m der Wellenlänge λ, dem Abstand d der Kristallebenen und den möglichen Glanz– oder Braggwinkeln θ zu

$$m\lambda = 2d\sin(\theta) \qquad [2.11]$$

Wird ein Einkristall in einem monochromatischen Röntgenstrahl gedreht, kann aus den Winkeln zur optischen Achse, unter denen Beugungsmaxima auftreten auf die innere Struktur des Kristalls geschlossen werden. Auch an einem Gitter wie in Abbildung 2.8 ist Röntgenbeugung zu beobachten. Mit der Gitterkonstante g ergeben

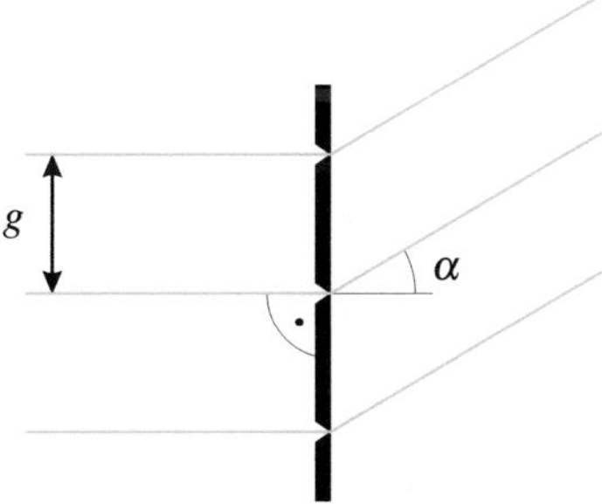

Abb. 2.8: Beugung am Gitter bei senkrechtem Lichteinfall

sich die Winkel α, unter denen Beugungsmaxima bei senkrechtem Lichteinfall auftreten nach

$$\sin\alpha = \frac{m\lambda}{g} \qquad [2.12]$$

Die Beugungserscheinung an Gittern findet ihre Anwendung beispielsweise in fresnelschen Zonenplatten, die in Kapitel 3.1.1 beschrieben werden.

Die größtmögliche Auflösung eines optischen Systems ist durch die Beugung begrenzt, da jede Apertur aufgrund ihrer endlichen Ausdehnung ein Beugungsbild erzeugt. Im Falle einer Lochblende in der x,y–Ebene mit dem Durchmesser D, beschrieben durch die kreisförmig symmetrische Durchlassfunktion

$$f_{\text{Lochblende}}(x,y) = \begin{cases} 1 & \text{für } \sqrt{x^2+y^2} \leq D/2 \\ 0 & \text{ansonsten} \end{cases} \qquad [2.13]$$

ist die Intensitätsverteilung über r_{beug} des Fraunhofer–Beugungsbildes im Fernfeld auf einem Schirm im Abstand f (siehe Abbildung 2.9) nach [46] die Fouriertransformierte der Funktion $f_{\text{Lochblende}}(x,y)$. Die Fouriertransformierte ist:

$$\mathscr{F}(f_{\text{Lochblende}})(v_x, v_y) = \frac{2\pi J_1\left(\sqrt{v_x^2 + v_y^2}\right)}{\sqrt{v_x^2 + v_y^2}} \qquad [2.14]$$

mit der Besselfunktion (siehe Abbildung 2.9) erster Ordnung J_1 und den Winkelfrequenzen v_x und v_y.

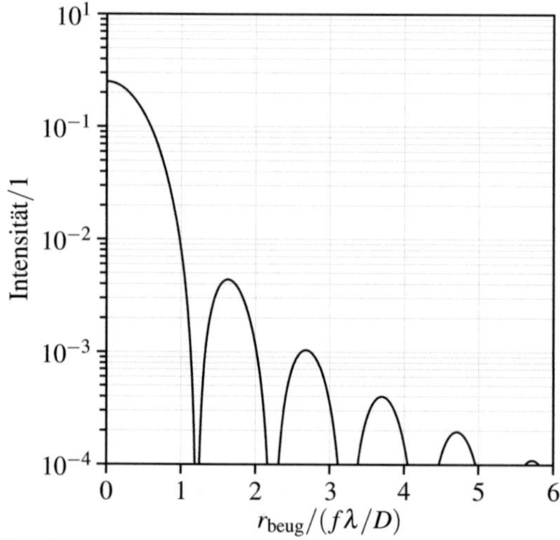

Abb. 2.9: Besselfunktion erster Ordnung als Beschreibung des Fernfeld–Beugungsmusters einer Lochblende

Aus der ersten Nullstelle der Besselfunktion bei $r_{\text{beug}} = 1{,}22 f\frac{\lambda}{D}$ ergibt sich der Radius des Beugungsscheibchens zu

$$\sin(\delta_{Airy}) = 1{,}22\frac{\lambda}{D} \qquad [2.15]$$

Das zentrale Maximum bis zur ersten Nullstelle wird als Airy–Scheibchen bezeichnet und bestimmt die Auflösungsgrenze. Die Abbildungen zweier unendlich kleiner weit entfernter nahe beieinander liegender Punkte sind nur dann als zwei getrennte

Bildpunkte erkennbar, wenn das Intensitätsmaximum des einen Bildpunkts auf das Minimum des Airy–Scheibchens des anderen Bildpunkts fällt. Dies bedeutet, dass der Abstand der beiden Intensitätsmaxima nicht geringer als der halbe Durchmesser des Airy–Scheibchens sein darf.

2.2.4 Streuung

Röntgenlicht wird – wie sichtbares Licht – durch Wechselwirkungen mit Materie gestreut. Dabei lassen sich unterschiedliche Effekte unterscheiden, die zur Streuung beitragen.

Zum einen sind es Wechselwirkungen der Photonen mit der Elektronenhülle oder den Atomkernen der durchlaufenen Materie, die zu Rayleighstreuung, zur Anregung von Photoelektronen, zu Compton–Streuung oder bei Photonenenergien über $1,02\,\mathrm{MeV}$ zur Paarbildung führen. Diese atomaren Effekte führen in dem in dieser Arbeit wichtigen Energiebereich von etwa $5\,\mathrm{keV}$ bis $25\,\mathrm{keV}$ und bei den verwendeten Materialien (Polymeren) nur zu sehr geringen Ablenkwinkeln der einfallenden Röntgenstrahlen.

Zum anderen führen sowohl lokale Schwankungen der optischen Brechzahl im durchlaufenen Material als auch Rauheiten der Oberflächen, an denen Röntgenstrahlen total reflektiert oder gebrochen werden zur Streuung der Röntgenstrahlen. Die Brechzahlschwankungen in Polymeren sind gering, so dass für Materialstärken im Millimeterbereich auch die resultierenden Streuwinkel vernachlässigbar sind. Den größten Streueffekt haben Rauheiten der brechenden Oberflächen, zumal in dieser Arbeit Röntgenoptiken betrachtet werden, bei denen ein einfallender Röntgenstrahl an bis zu 1000 Oberflächen gebrochen wird. Ein einfaches Modell soll hier der Abschätzung des durch Oberflächenrauheiten verursachten Streuwinkels dienen. Die Unebenheiten auf den brechenden Oberflächen werden dabei als gaußförmig angenommen und durch die Funktion

$$f_{\mathrm{Gauß}}(x) = A_{\max}\mathrm{e}^{-(x/B_{\mathrm{Gauß}})^2} \qquad [2.16]$$

mit der maximalen Amplitude $A_{\max}$ und der Breite der Gauß–Profile $B_{\mathrm{Gauß}}$ beschrieben. Die Halbwertsbreite eines Gauß–Profils ist

$$HWB_{\mathrm{Gauß}} = 2\sqrt{\ln(2)}B_{\mathrm{Gauß}} \qquad [2.17]$$

Der Abstand der einzelnen Erhebungen soll L_{korr} betragen (Abbildungen 2.10 und 2.11). Trifft ein Röntgenstrahl auf die Modelloberfläche, so wird er dem lokalen

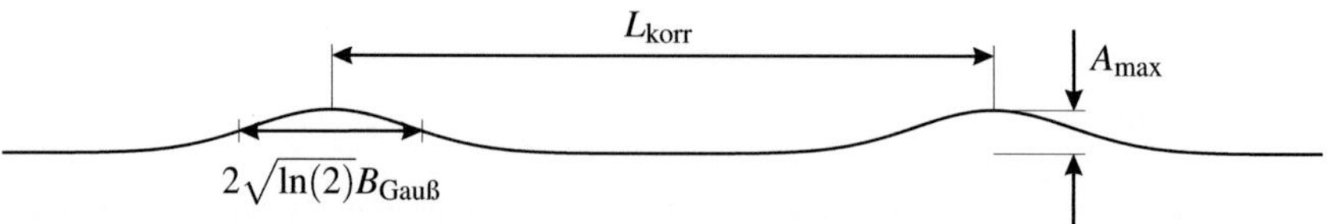

Abb. 2.10: Skizze zum Modell einer rauen, brechenden Oberfläche, hier mit $A_{max} = 20\,\mathrm{nm}$, $B_{Gauß} = 50\,\mathrm{nm}$ und der Autokorrelationslänge $L_{korr} = 300\,\mathrm{nm}$ in maßstäblicher Darstellung

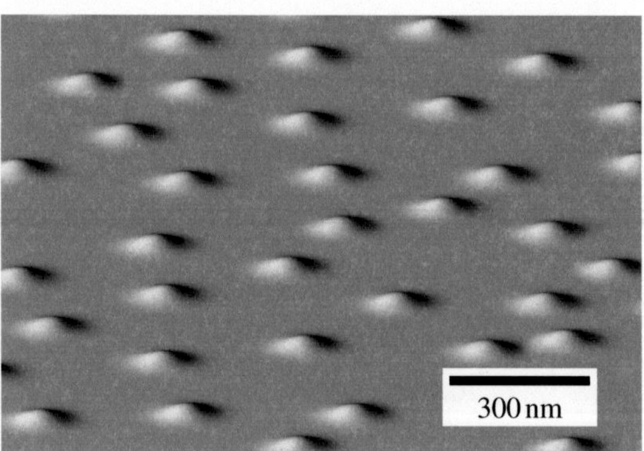

Abb. 2.11: 3D–Ansicht des Modells einer rauen Oberfläche mit einem mittleren $L_{korr} = 300\,\mathrm{nm}$

Oberflächenwinkel entsprechend dem snelliusschen Brechungsgesetz (siehe 2.2.1) um einen kleinen Winkel gebrochen. Der lokale Oberflächenwinkel ergibt sich aus der Ableitung von Gleichung 2.16 zu

$$\alpha_{\text{Streu}} = \arctan\left(-\frac{2A_{\max}x}{B_{\text{Gauß}}^2}e^{-(x/B_{\text{Gauß}})^2}\right) \qquad [2.18]$$

In Rasterkraftmikroskopmessungen wurden an röntgentiefenlithographisch gefertigten Strukturseitenwänden mittlere Rauwerte von $R_{\text{a}} < 10\,\text{nm}$ gemessen. Mit einer Autokorrelationslänge L_{korr} von 300 nm, einer Profilbreite $B_{\text{Gauß}} = 50\,\text{nm}$ und einer Profilhöhe von 20 nm ergibt sich in diesem Modell ein mittlerer Rauwert von $R_{\text{a}} \approx 9{,}8\,\text{nm}$, welcher gut mit den Messungen übereinstimmt. Mit einer angenommenen Anzahl von 500 brechenden Oberflächen, die von einem einfallenden Röntgenstrahl bei einer Photonenenergie von beispielsweise 9 keV durchlaufen werden, ergibt eine numerische Simulation der Streukeule einen Öffnungswinkel von 3,96″ (Vollwinkel), unter dem die Strahlintensität auf 50 % abfällt. Bei einer Bildweite von beispielsweise 320 mm entspricht dieser Winkel einer Strahlaufweitung auf 6,2 μm.

3 Stand der Technik

Um die Leistungsdichte der Strahlung am Ort einer zu analysierenden oder zu beleuchtenden Probe zu erhöhen, sind optische Elemente notwendig. Dieses Kapitel gibt einen Überblick über verfügbare Röntgenoptiken. Im ersten Teil werden nicht brechende Optiken beschrieben, der zweite Teil behandelt brechende Röntgenoptiken.

3.1 Nicht brechende Röntgenoptiken

Nicht brechende Röntgenoptiken nutzen zur Formung des Röntgenstrahls nicht die Brechungseigenschaften eines Materials, sondern beeinflussen die Röntgenstrahlen durch Beugung oder Reflexion. Als beugende Objekte kommen Zonenplatten und Bragg–Reflexionsoptiken zum Einsatz, während Röntgenspiegel und Kapillaroptiken auf dem Effekt der externen Totalreflexion beruhen.

3.1.1 Beugungsoptiken

Zonenplatten [12] sind diffraktive Optiken, die aus einem meist rotationssymmetrischen Absorptions– oder Phasengitter mit über dem Radius variierender Gitterkonstante bestehen, wie in Abbildung 3.1 schematisch dargestellt. Im Röntgenbereich werden überwiegend Absorptionsgitter eingesetzt.

Bei Zonenplatten wird meist Röntgenlicht welches in das Beugungsmaximum erster Ordnung fällt zum Erzeugen des Fokuspunktes genutzt. Beugungsmaxima höherer Ordnung werden durch geeignete Aperturblenden abgeblendet. Die Herstellung von Zonenplatten für den Röntgenbereich erfolgt im Allgemeinen durch Elektronenstrahllithographie oder Ionenätzen einer Resistschicht auf einer transparenten Trägermembran, beispielsweise aus Siliziumnitrid (Si_3N_4). In der strukturierten Resistschicht wird anschließend eine einige Mikrometer dicke, stark absorbierende Goldschicht eingebracht. Zonenplatten für Röntgenstrahlung messen typischerweise um $75\,\mu m$ im Durchmesser bei einer Anzahl von Ringen im Tausenderbereich. Im Randbereich bewegen sich dann

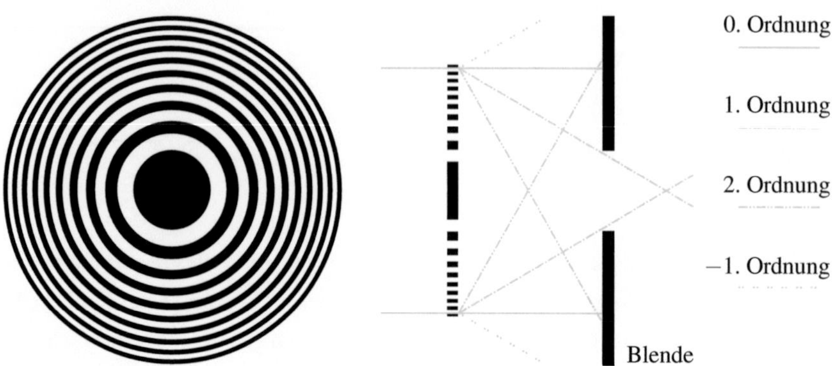

Abb. 3.1: Schematische Darstellung einer Zonenplatte (links) und Beugungsordnungen im seitlichen Schnitt durch die Zonenplatte (rechts)

die Strukturgrößen der Zonen in der Größenordnung von wenigen zehn Nanometern. Die Auflösung von Zonenplatten hängt von ihrer Numerischen Apertur ab, und damit von den kleinsten herstellbaren Strukturen im Randbereich der Zonenplatte. Um einen ausreichend hohen Beugungswirkungsgrad zu erreichen, müssen die Absorberringe Höhen im Mikrometerbereich aufweisen, im Randbereich der Zonenplatte ist daher ein sehr hohes Aspektverhältnis bis über 100 erforderlich. Strukturen mit solchen Aspektverhältnissen sind schwer herzustellen, was sich negativ auf die Effizienz von Zonenplatten für höhere Photonenenergien auswirkt.

Um die Herstellung von Zonenplatten zu vereinfachen, können zwei Zonenplatten so kombiniert werden, dass eine Zonenplatte im inneren Bereich der kombinierten Zonenplatte in der ersten Beugungsordnung, und eine äußere Zonenplatte in der zweiten Beugungsordnung genutzt wird [25]. Dadurch müssen die äußeren Ringe der kombinierten Zonenplatte kein so hohes Aspektverhältnis aufweisen, die Effizienz einer kombinierten Zonenplatte ist aber geringer gegenüber einer Zonenplatte gleichen Durchmessers, die nur das erste Beugungsmaximum nutzt.

Zum Teil werden Zonenplatten, die aus nicht rotationssymmetrischen Gitterstrukturen aufgebaut sind, zur homogenen Beleuchtung nicht kreisförmiger Flächen genutzt. Solche Zonenplatten werden als Kollimationslinsen eingesetzt [20].

Beugungsmuster treten nicht nur beim Durchstrahlen eines Gitters, sondern auch bei Reflexion an einem Gitter auf, daher werden auch reflektive Zonenplatten als Röntgenlinsen genutzt [2].

3.1.2 Bragg–Reflexionsoptiken

Bei Bragg–Reflexionsoptiken werden Interferenzerscheinungen an dünnen Schichten ausgenutzt, um Röntgenlicht zu bündeln oder zu parallelisieren. Die Schichten werden aus Materialien mit abwechselnd unterschiedlichem Atomgewicht mit Schichtdicken von einigen Ångström bis wenigen Nanometern aufgebaut.

Multischichtgradientenspiegel, zum Beispiel *Göbelspiegel* [41] (Abbildung 3.2), nutzen diesen Effekt und werden oft zur Kollimation von Strahlung aus Röntgenröhren eingesetzt. Sie sind meist parabolisch geformte Multischichtspiegel. Wird eine punktförmige Röntgenquelle im Brennpunkt der Parabel platziert, wird die Strahlung parallelisiert. Die Dicken der Schichten des Göbelspiegels müssen entsprechend der Einfallswinkel über der Länge des Vielschichtsystems so variieren, dass die Bragg–Bedingung zum Ablenken des Röntgenlichts um den geforderten Ablenkwinkel an dem jeweiligen Auftreffpunkt erfüllt wird. Außerdem wird durch Göbelspiegel die Röntgenstrahlung annähernd monochromatisch. Ellipsenförmige Göbelspiegel können zur Fokussierung

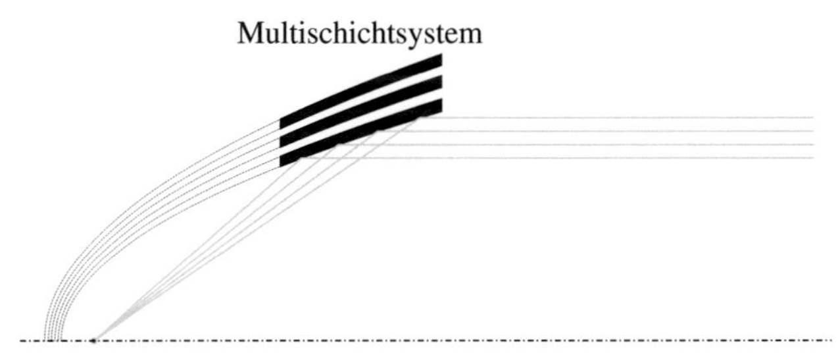

Abb. 3.2: Schematische Darstellung eines Göbelspiegels

der von einer punktförmigen Quelle ausgehenden Strahlung genutzt werden. Quell– und Fokuspunkt müssen dann in den Brennpunkten der Ellipse liegen.

Insbesondere in Verbindung mit Synchrotronstrahlung werden **Monochromatoren** eingesetzt. Monochromatoren sind zur Erzeugung monochromatischen Röntgenlichts notwendig. Sie werden an dieser Stelle angeführt, da sie auf der Bragg–Reflexion beruhen, und ohne sie die Experimente zu dieser Arbeit nicht durchführbar gewesen wären, obwohl sie keine strahlformenden Eigenschaften aufweisen. Ein Monochromator besteht aus einem oder zwei Einkristallen oder Multischichtspiegeln. Durch Verkippen der Elemente des Monochromators kann die durch das System transmittierte Wellenlänge eingestellt werden. Der Einsatz von zwei Elementen hat den Vorteil, dass der monochromatisierte Strahl nach dem Austritt aus dem Monochromator parallel versetzt zum ursprünglichen Strahl verläuft, während sich bei Verwendung nur eines Elements ein Winkel zwischen dem monochromatisierten Strahl und dem ursprünglichen Strahl einstellt. Dieser Winkel entspricht dem doppelten Bragg–Reflexionswinkel und macht den Laboraufbau komplizierter. Zum Herausfiltern von Wellenlängen, die aus höheren Harmonischen der eingestellten Wellenlänge entstehen, kann außerdem bei Einsatz von zwei Elementen das zweite im Strahlengang unabhängig vom ersten leicht verkippt werden.

3.1.3 Totalreflexionsoptiken

Die im Röntgenbereich auftretende externe Totalreflexion wird zur Führung von Röntgenstrahlen bei Röntgenspiegeln und Kapillaroptiken genutzt. Vorteilhaft ist bei Totalreflexionsoptiken, dass Röntgenlicht jeder Wellenlänge unterhalb des Grenzwinkels der Totalreflexion um denselben Winkel abgelenkt wird, sie sind daher achromatisch. Sehr große Röntgenspiegel mit Durchmessern im Meterbereich werden auch in astronomischen Röntgenteleskopen eingesetzt. Dies sind im Allgemeinen Wolter–Spiegel [52].

Röntgenspiegel basieren auf dem Effekt der externen Totalreflexion an glatten Oberflächen. Sie werden in der Röntgenoptik vielfach genutzt und sind neben Filtern und Blenden die ältesten Röntgenoptiken. 1948 wurde durch die Anordnung von je einem gekrümmten Spiegel für eine Fokussierungsrichtung der Kirckpatrick–Baez–Aufbau (KB–Spiegel; siehe Abbildung 3.3) eingeführt [21].

Durch den geringen Grenzwinkel der Totalreflexion müssen Röntgenspiegel Längen im Bereich von mehreren 10 cm bis zu 1 m aufweisen, um einen breiten Strahl zu fokussieren. Sie müssen zudem über eine sehr geringe Rauheit von wenigen Ångström über ihre gesamte Fläche verfügen, was eine große Herausforderung an ihre Herstellung

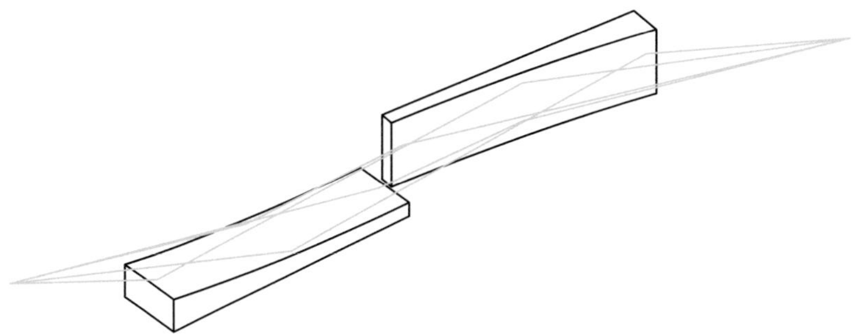

Abb. 3.3: Schematische Darstellung eines KB–Spiegelsystems

ist. Die gewünschte Geometrie der Spiegel muss über diese großen Flächen sehr genau eingehalten werden, um einen Fokus guter Qualität zu erhalten, was zum Beispiel zur Entwicklung von Spiegeln geführt hat, die durch Piezoaktoren während des Einsatzes aktiv nachgeformt werden [42; 48]. Weiterhin müssen Röntgenspiegel gekühlt werden, damit sie unter hohen Strahlintensitäten, wie sie an einer Synchrotronstrahlungsquelle auftreten, ihre Form bewahren.

Monokapillarlinsen sind dünne Röhrchen, die entlang der Strahlrichtung meist die Form von Rotationsparaboloiden oder Rotationsellipsoiden haben. Der einfallende Röntgenstrahl wird an der Innenwand einer Kapillaren genau einmal reflektiert und in den Fokus gelenkt. Die abbesche Sinusbedingung, wonach das Verhältnis der Sinusse der Winkel zwischen Strahlen und optischer Achse für einen Gegenstandspunkt und den dazugehörigen Bildpunkt über die Apertur konstant sein soll, wird dadurch von Monokapillarlinsen nicht erfüllt. Das bedeutet, dass der Abbildungsmaßstab über der Position eines Objekts in der Gegenstandsebene nicht konstant ist und somit die Abbildungseigenschaften von Monokapillarlinsen schlecht sind. Im Unterschied dazu arbeiten Wolter–Kapillaren mit zwei Reflexionen, eine an einer parabolischen und eine weitere an einer hyperbolischen Fläche [55], wodurch diese Forderung besser erfüllt wird.

Mehrere Kapillaren können zu einer Polykapillarlinse [23] zusammengefasst werden (siehe Abbildung 3.4), womit größere Aperturen erreicht werden. Die einzelnen Kapillaren sind dabei so gekrümmt, dass sie mit einer Seite auf die Lichtquelle und mit der anderen Seite auf den Fokuspunkt zeigen.

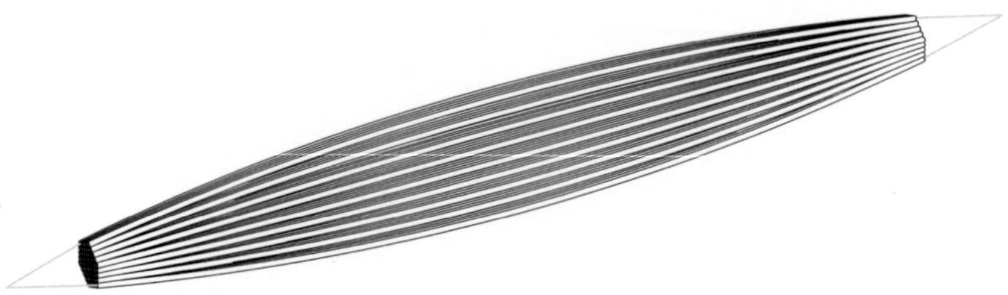

Abb. 3.4: Schematische Darstellung einer Polykapillarlinse

Die Kapillaren selbst bündeln das Röntgenlicht nicht, die Strahldivergenz nach Durchlaufen einer Kapillare ist dieselbe wie zuvor. Der Brennfleck ergibt sich nur aus der Ausrichtung der Kapillaren auf einen gemeinsamen Punkt.

Sowohl Monokapillarlinsen als auch Polykapillarlinsen werden aufgrund ihrer nicht bildgebenden Eigenschaften zu Beleuchtungszwecken eingesetzt.

3.2 Brechende Röntgenlinsen

Refraktive Röntgenlinsen sind erst seit den neunziger Jahren des letzten Jahrtausends verfügbar. Seit der Entdeckung von Röntgenstrahlen galt die Fokussierung durch refraktive Elemente lange Zeit als unpraktikabel. Paul Kirkpatrick und Albert Vinicio Baez notieren zur Nutzung von brechenden Linsen aufgrund der geringen Brechkraft und der hohen Absorption im Jahr 1948: "These discouraging considerations incline us toward other methods." [21] und entwickelten die KB–Spiegel. Die praktische Verwendung von refraktiven Linsen zum Beispiel in röntgenmikroskopischen Aufbauten wurde noch 1991 prinzipiell ausgeschlossen, da sich die Brechzahlen aller Materialien nur geringfügig unterscheiden [29].

Brechende Röntgenlinsen haben gegenüber anderen Röntgenoptiken mehrere Vorteile. Eine ungenaue Ausrichtung im Strahl wirkt sich nicht sehr stark auf die optischen Eigenschaften aus. Aufgrund der größeren Einfallswinkel gegenüber der Oberfläche ergibt sich weniger Streulicht durch die Rauheit der Grenzflächen. Der Fokus von brechenden Röntgenlinsen liegt auf der optischen Achse des experimentellen Aufbaus. Die Linsen sind auch bei Photonenenergien $> 15\,\mathrm{keV}$ einsetzbar und sie benötigen wenig Bauraum [47].

Nachteile von brechenden Röntgenlinsen sind ihre Absorption und die dadurch auf einige hundert Mikrometer begrenzte Apertur. Brechende Röntgenlinsen sind im Gegensatz zu Röntgenspiegeln nicht achromatisch, ihre Brennweite ist nicht unabhängig von der Wellenlänge des einfallenden Lichts.

Entscheidend verbessert wurden refraktive Röntgenlinsen durch Einführung einer parabolischen Linsengeometrie, wodurch die sphärische Abberation vermieden wird. Refraktive Röntgenlinsen sind technisch einsetzbar, wenn eine große Anzahl von Einzellinsen mit Krümmungsradien im Mikrometerbereich zu einer Gesamtlinse kombiniert werden und durch den Einsatz von Materialien mit möglichst großem Verhältnis von Brechzahldekrement zu Extinktionskoeffizient. Abbildung 3.5 zeigt das Verhältnis von Brechzahldekrement δ zu Extinktionskoeffizient β in Abhängigkeit der Photonenenergie für eine Auswahl von Materialien, die zur Herstellung von Röntgenlinsen verwendet werden. Danach sind besonders leichte Metalle wie Lithium

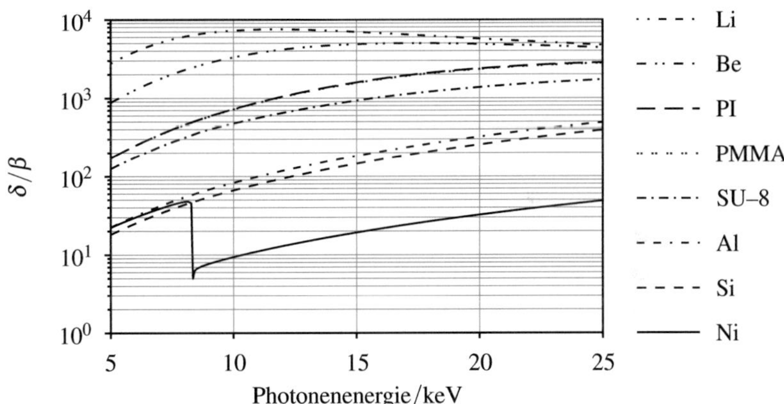

Abb. 3.5: Verhältnis δ/β für typische Röntgenlinsenmaterialien im Photonenenergiebereich von 5 keV bis 25 keV

und Beryllium zur Herstellung von Röntgenlinsen geeignet. Lithium und Beryllium sind jedoch schwer zu bearbeitende und zu handhabende Materialien, so ist Lithium sehr reaktionsfreudig und Beryllium giftig und spröde. Daher wurden in dieser Arbeit Kunststoffe als Linsenmaterialien ausgewählt, die aus technologischer Sicht einfacher zu verarbeiten sind, da die Linsenstrukturen direkt lithographisch mit kleinen Strukturgrößen bei hoher Genauigkeit erzeugt werden können. Nach Abbildung 3.5 liegt das Verhältnis von δ zu β der verwendeten Kunststoffe im Bereich zwischen gängigen Materialien zur Herstellung von Röntgenlinsen wie Beryllium und Silizium und somit stellen sie eine Alternative zu diesen dar.

Abbildung 3.6 zeigt eine Schnittskizze einer parabolischen Röntgenlinse und ihre wichtigsten Parameter.

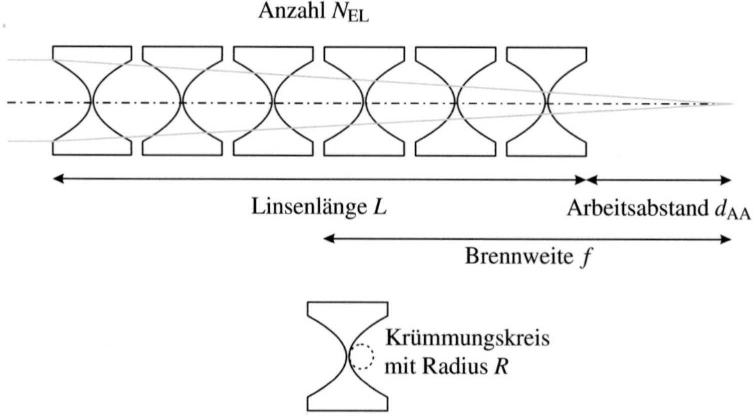

Abb. 3.6: Schematische Darstellung einer Parabollinse mit sechs Linsenelementen und ihren wichtigsten Parametern bei parallelem Strahleinfall

Da bei Röntgenlinsen die Brennweite im Meterbereich meist groß gegenüber der Linsenlänge im Zentimeterbereich ist, können solche Linsen als dünne Linsen angesehen werden. Die Brennweite einer dünnen Röntgenlinse ergibt sich aus dem Zusammenhang

$$f_{\text{dünn}} = \frac{R}{2\delta N_{EL}} \qquad [3.1]$$

mit dem Radius des Krümmungskreises im Scheitelpunkt der Parabel R, dem Brechzahldekrement δ und der Anzahl der einzelnen Linsenelemente N_{EL}. Ist die Brennweite ähnlich groß wie die Linsenlänge L, gilt die Formel für dicke Linsen:

$$f_{\text{dick}} = \frac{R}{2\delta N_{EL}} + \frac{L}{6} \qquad [3.2]$$

Aus den Gleichungen 3.1 und 3.2 ergibt sich, dass die Krümmungsradien im Scheitelpunkt der parabolischen Linsenstrukturen im Mikrometerbereich liegen müssen, um eine Brennweite im Dezimeterbereich zu erhalten. Damit nimmt mit größerer Apertur die Dicke der Linsenelemente sehr schnell zu, was zu einer hohen Absorption führt. Die Absorption ist somit die die Apertur von Röntgenlinsen begrenzende Größe.

3.2.1 Linsen mit Linienfokus

In diesem Kapitel werden Röntgenlinsen beschrieben, die einen Linienfokus erzeugen. 1994 wurde das erste Patent auf eine refraktive Röntgenlinse erteilt [49]. Die Patentschrift beschreibt die Fokussierung von Röntgenlicht durch eine Reihe von hintereinander liegenden Bohrungen, die wie eine Reihe konkaver und damit für Röntgenlicht bündelnder Linsen wirken. Erstmalig angewandt wurde dieser Typ von Röntgenlinsen am ESRF [43]. Hierzu wurden 200 hintereinander liegende Löcher von 500 µm Durchmesser in einen Block aus einer Legierung auf Aluminiumbasis gebohrt. Nachteilig wirkt sich hier aus, dass zum einen die Bohrlöcher zylindrisch sind und so sphärische Abberation auftritt. Zum anderen können die Bohrlöcher nicht beliebig dicht nebeneinander liegend platziert werden und die Röntgenstrahlung muss unnötig viel passives Material durchdringen.

Ein Vorschlag, die Wirkung parabolischer Linsen mit Prismenstrukturen nachzubilden, basiert auf der Verwendung von Schallplatten [6] oder linearen Anordnungen von Prismenstrukturen [10]. Aus einer Schallplatte ausgesägte rechteckige Stücke werden zueinander gekippt angeordnet. Ein die Rillen in der Schallplattenoberfläche passierender Röntgenstrahl erfährt die einer Parabollinse entsprechende Brechkraft, wie in Abbildung 3.7. Durch gegenseitiges Verkippen der beiden Schallplattenteile um eine Achse senkrecht zur Bildebene kann die Brennweite der Linse verändert werden.

Zur Herstellung von eindimensional gekrümmten Linsen mit parabelförmiger Geometrie werden insbesondere lithographische Herstellungsverfahren genutzt, teilweise mit nachfolgendem Ionenätzen. Die ersten röntgentiefenlithographisch erzeugen Röntgenlinsen wurden aus PMMA [24] hergestellt. Weitere verwendete Materialien sind Diamant [18] oder Glaskohlenstoff [3]. Im Falle von Glaskohlenstoff wurden die parabolischen Linsenformen durch Laserbearbeitung erzeugt. Röntgenlinsen mit kleinsten Fokusabmessungen im Sub–Mikrometerbereich werden aus SU–8 röntgentiefenlithographisch [32]

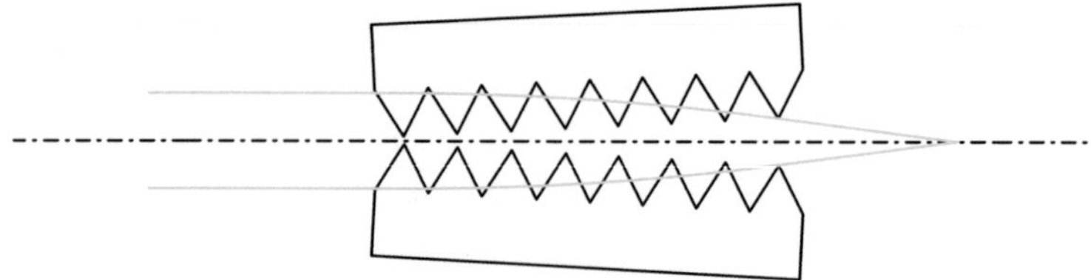

Abb. 3.7: Schematische Darstellung einer Alligatorlinse; solche Linsen wurden aus ausgesägten Stücken einer Schallplatte hergestellt

und mit Fokusabmessungen in der Größenordnung von wenigen Nanometern durch Ionenätzen in Silizium [39] hergestellt. Der Radius des Krümmungskreises im Parabelgrund der Linsenstrukturen mit so kleinen Fokusabmessungen beträgt nur einige Mikrometer.

Abbildung 3.8 zeigt eine rasterelektronenmikroskopische Aufnahme von aus SU–8 röntgentiefenlithographisch hergestellten planarparabolischen Linsenelementen. Viele solcher Elemente hintereinander in der optischen Achse ergeben eine *Compound Refractive Lens* (CRL).

Abb. 3.8: Rasterelektronenmikroskopische Aufnahme eines Teils einer röntgentiefenlithographisch hergestellten Röntgenlinse (CRL) aus SU–8

Zur Fokussierung von Röntgenlicht großer Photonenenergien von über 100 keV werden Linsen mit Linienfokus unter Anwendung des LIGA–Verfahrens aus Nickel [31] hergestellt. Das röntgentiefenlithographische Herstellungsverfahren und das LIGA–Verfahren werden in Kapitel 4.2.2 näher beschrieben.

Brechende Röntgenlinsen, die aus vielen gleichartigen Strukturen bestehen, wurden erstmals als Clessidra–Linsen vorgestellt [7; 19]. Das italienische Wort *Clessidra* bedeutet übersetzt *Sanduhr* und beschreibt die Form dieser Linsen. Clessidra–Linsen bestehen aus PMMA und werden lithographisch erzeugt. Die zusammenhängenden Prismen mit teilweise gekrümmten Oberflächen stehen in Reihen parallel zur optischen Achse hintereinander. Die Höhe der einzelnen Prismen liegt bei etwa 25 µm. Die Prismen stehen nicht frei auf einem Substrat, sondern sind an ihren Kanten miteinander verbunden. Abbildung 3.9 zeigt den prinzipiellen Aufbau von Clessidra–Linsen mit nicht gekrümmten (Abbildung 3.9a) und teilweise gekrümmten (Abbildung 3.9b) Prismenflächen.

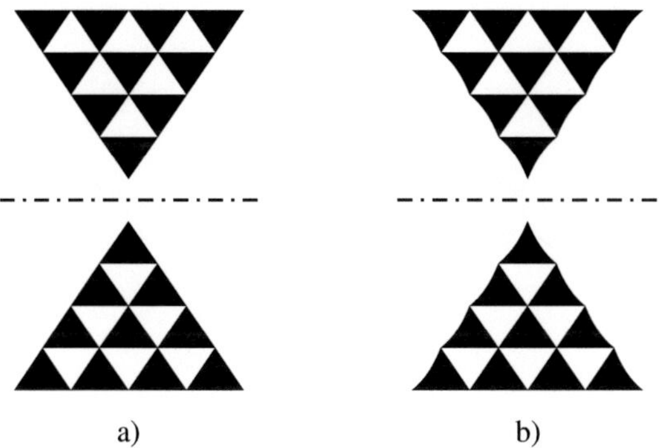

a)   b)

Abb. 3.9: Schematische Darstellung von Clessidra–Linsen ohne (a) und mit (b) teilweise gekrümmten Flächen; die optischen Achsen sind als Strichpunktlinien dargestellt

3.2.2 Linsen mit Punktfokus

Unter den Linsen mit Punktfokus gibt es Linsen, die aus zwei Linienfokuslinsen bestehen, und solche, die den Punktfokus durch ihre rotationssymmetrische Form erzeugen.

Im ersten Fall stehen die Linienfokuslinsen hintereinander in der optischen Achse und sind gegeneinander um 90° um die optische Achse verdreht. Gekreuzte lineare Linsen können auf zwei verschiedenen Substraten gefertigt werden, die auf zwei Positioniertischen stehen. Alternativ können die einzelnen Linsenstrukturen bei lithographischer Herstellung durch zwei Belichtungsschritte, die unter Winkeln von $-45°$ und $45°$ zur Normalen der Substratoberfläche erfolgen, auf einem Substrat prozessiert werden. Abbildung 3.10 zeigt eine rasterelektronenmikroskopische Aufnahme einer Röntgenlinse mit Punktfokus, welche aus zwei Linienfokuslinsen auf einem Substrat besteht.

Abb. 3.10: Rasterelektronenmikroskopische Aufnahme einer gekreuzten Anordnung von planar-parabolischen Linsenelementen auf einem Substrat

Rotationssymmetrische Linsen aus Beryllium oder Aluminium werden durch Prägen hergestellt [26; 27]. Die Einzellinsen sind hier in ringförmigen Scheiben fixiert, die in eine entsprechende Halterung eingelegt werden. Durch Hinzufügen oder Entfernen von Linsenelementen kann die Brechkraft variiert werden. Durch Einsatz geeigneter Aktoren kann dies ferngesteuert geschehen [44]. Auch in Lithium wurden rotationssymmetrische Linsen geprägt [33; 34]. Da Lithium ein reaktionsfreudiges Alkalimetall ist, müssen Lithiumlinsen hermetisch gekapselt werden. Generell gilt bei geprägten Linsen, dass der minimale Krümmungsradius der Parabeln durch die Festigkeit des Prägewerkzeugs bestimmt wird. Der minimale Krümmungsradius von geprägten Linsen liegt damit bei etwa $100\,\mu m$.

In [9] ist eine Röntgenoptik beschrieben, die aus in einem Glasröhrchen mit Glyzerinfüllung ($C_3H_8O_3$; 1,2,3–Propantriol) besteht, in welches mit einer Kanüle Luftblasen eingebracht werden. In dem Röhrchen bilden sich rotationssymmetrisch gekrümmte Grenzflächen zwischen Luft und Glyzerin. Diese Röntgenlinsen weisen starke sphärische Abberation auf, da die Form der brechenden Flächen kaum kontrolliert werden kann.

4 Röntgenlinsen mit erhöhter Transmission

Grundidee zur Entwicklung von Linsen mit erhöhter Transparenz ist in dieser Arbeit, möglichst viele brechende Oberflächen in ein möglichst kleines Volumen einzubringen. Auf diese Weise verringert sich das für die Strahlung zu durchlaufende Material zwischen zwei brechenden Oberflächen, wodurch sich die Brechkraft der Linse im Verhältnis zum absorbierenden Volumen erhöht. Zum Zweck der Reduzierung des Gewichts von Leuchtfeuerlinsen entwickelte Jean–Augustin Fresnel im frühen 19. Jahrhundert die nach ihm benannte fresnelsche Stufenlinse [11], deren Prinzip zur Umsetzung dieser Idee geeignet ist. Im Übrigen wird im Schrifttum Fresnels auf die Schriften von Georges–Louis Leclerc de Buffon verwiesen, der die Idee zur Gewichtsreduzierung von Linsen schon im Jahre 1748 formulierte [38]. Jedoch war die technische Umsetzung dieses Ansatzes zur damaligen Zeit erst durch den Vorschlag Fresnels möglich, eine solche Linse aus Einzelteilen zusammenzusetzen. Aus diesem Grunde wurden solche Linsen unter der Bezeichnung fresnelsche Stufenlinsen bekannt. Bis heute werden fresnelsche Stufenlinsen eingesetzt, wenn kurze Brennweiten und große Aperturen bei kleinem Bauraum oder geringem Gewicht erforderlich sind und wenn die optische Abbildungsqualität zweitrangig ist. Beispiele zum Einsatz von fresnelschen Stufenlinsen sind Weitwinkellinsen zum Aufkleben auf Heckscheiben von Automobilen und Kollimatorlinsen bei Tageslichtprojektoren.

Um die Absorption von Röntgenlinsen zu verringern, kann ausgehend von einer Parabollinse Material entfernt werden wie es in [54] vorgeschlagen und durch [1] und [45] realisiert wurde. Abbildung 4.1 zeigt die Entwicklungsstufen von refraktiven Röntgenlinsen mit sphärischer Geometrie (Abbildung 4.1a) über parabolische Linsen (Abbildung 4.1b) zu Linsen mit erhöhter Transmission durch Weglassen von Material welches nicht zur Brechung beiträgt (Abbildung 4.1c und d). Solche Linsen werden als Kinoformlinsen bezeichnet. Abbildung 4.1e zeigt eine einzelne Lamelle einer Kinoformlinse. Für Röntgenstrahlung werden die Lamellen im Randbereich der Linse dünn und lang. Solche Lamellen herzustellen ist schwierig, und durch die durch den

Herstellungsprozess auftretenden Verrundungsradien der Spitzen verringert sich ihr optisch wirksamer Querschnitt. Im Rahmen dieser Arbeit wurden Linsen aufgebaut, bei denen eine Lamelle durch mehrere Prismen mit kleinsten Kantenlängen von 10 µm ersetzt wurden, die die Röntgenstrahlung insgesamt um denselben Betrag ablenken (Abbildung 4.1f). Die gleichseitigen Prismen stehen vereinzelt auf einem Siliziumsubstrat in gekrümmten Reihen. Dadurch folgen die Positionen der einzelnen Prismen dem Strahlverlauf durch die Linse.

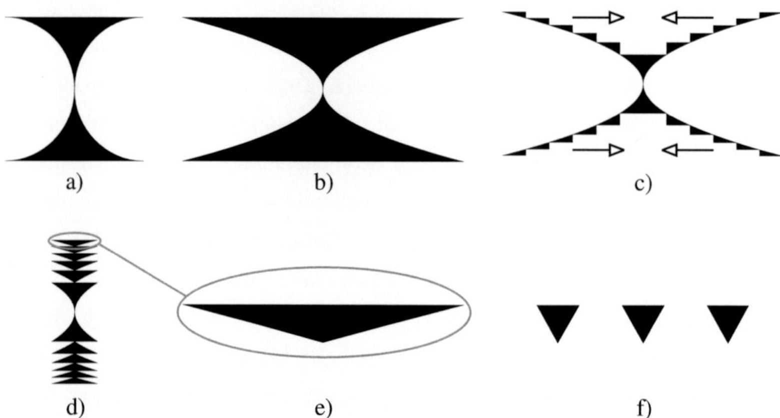

Abb. 4.1: Entwicklung von refraktiven Röntgenlinsen ausgehend von zylindrischen Linsen (a) über Parabollinsen (b) und fresnelsche Stufenlinsen (c, d) hin zu prismenförmigen Linsenstrukturen (e, f); die Pfeile in (c) deuten an, wie die Strukturen zusammengeschoben werden, um einen Aufbau wie in (d) zu erhalten

4.1 Röntgenbrechung an Prismen

Entscheidend für die Auslegung und Funktion von Prismenlinsen ist das Brechungsverhalten von Röntgenstrahlen an Prismen. Abbildung 4.2 zeigt die zur Beschreibung der Brechung benötigten Winkel und ihre Bezeichnungen.

Im Röntgenbereich ist der Winkel, um den ein Strahl abgelenkt wird, der ein Prisma passiert hat sehr klein. Zur Verdeutlichung ist in Abbildung 4.3 der Ablenkwinkel δ_P

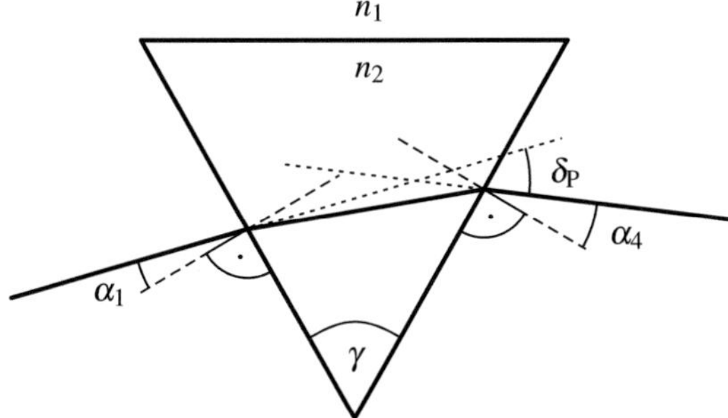

Abb. 4.2: Prismenöffnungswinkel γ; Einfallswinkel α_1; Ausfallswinkel α_4; Ablenkwinkel δ_P; die Brechzahl n_2 des Prismas ist für Röntgenstrahlung geringer als die Brechzahl n_1 der Umgebung

nach Formel 4.1 in einem Prisma aus PMMA gegenüber dem Einfallswinkel α_1 bezüglich der Normalen zur zuerst passierten Prismenfläche für eine Photonenenergie von 12 keV und einen Öffnungswinkel γ von $\pi/3$ dargestellt. Unter Anwendung des snelliusschen Gesetzes gilt:

$$\delta_\mathrm{P} = \gamma - \alpha_1 - \arcsin\left(\frac{n_2}{n_1} \sin\left(\gamma - \arcsin\left(\frac{n_1}{n_2} \sin\alpha_1 \right) \right) \right) \qquad [4.1]$$

In ein Prisma einfallende Strahlen können dieses nur unter bestimmten Winkeln passieren, wie in Abbildung 4.4 dargestellt. Aus dem Grenzwinkel der externen Totalreflexion $\theta_\mathrm{tot} = \arcsin(n_2/n_1)$ an der ersten Prismenfläche, über den hinaus ein Strahl nicht mehr in das Prisma eindringen kann, ergibt sich die Forderung nach dem maximalen Eintrittswinkel $\alpha_{1,\,\mathrm{max}} < \arcsin(n_2/n_1) \approx \pi/2$ (Abbildung 4.4a). Ein Strahl, der nach Brechung an der Eintrittsfläche des Prismas einen Winkel von $\alpha_2 = \pi/2 - \gamma$ zur Normalen dieser Fläche aufweist, läuft im Inneren des Prismas parallel zur Austrittsfläche des Prismas weiter. Er erreicht unter dieser Voraussetzung nicht die Austrittsfläche des Prismas. Für den betrachteten Fall ergibt sich daraus unter Anwendung des snelliusschen Gesetzes, dass der minimale Eintrittswinkel $\alpha_{1,\,\mathrm{min}}$ die Forderung $\alpha_{1,\,\mathrm{min}} > \arcsin(n_2/n_1 \sin(\pi/2-\gamma)) \approx -\pi/6$ erfüllen muss (Abbildung 4.4b). Der Strahl kann ein Prisma ausschließlich im Bereich $\alpha_{1,\,\mathrm{min}} < \alpha_1 < \alpha_{1,\,\mathrm{max}}$ passieren (Abbildung 4.4c).

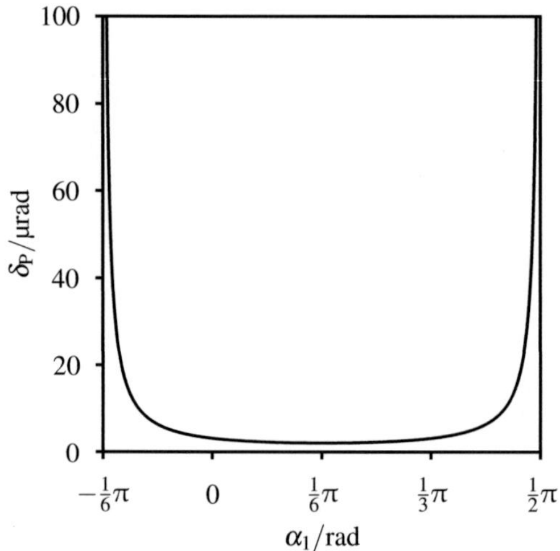

Abb. 4.3: Abhängigkeit des Ablenkwinkels δ_P vom Einfallswinkel α_1 eines Röntgenstrahls beim Durchgang durch ein einzelnes Prisma mit einem Öffnungswinkel von $\gamma = \pi/3$

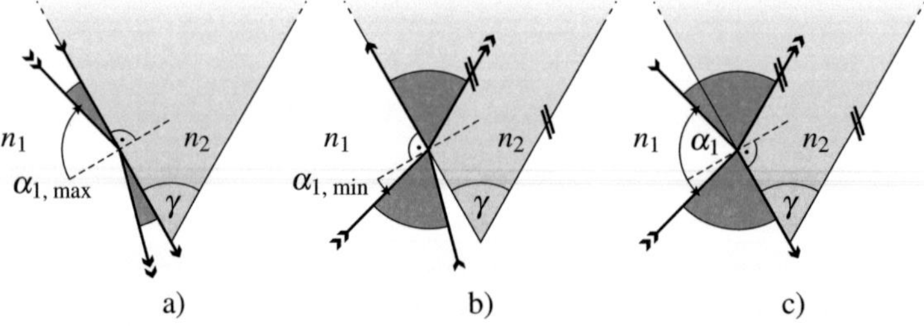

Abb. 4.4: Winkelbereiche im Prisma, die nicht zu einer Brechung eines einfallenden Strahls in Richtung der Austrittsfläche führen, dargestellt als dunkelgraue Kreissektoren:

a) Der Einfallswinkel überschreitet den Grenzwinkel der externen Totalreflexion

b) Der gebrochene Strahl verläuft innerhalb des Prismas parallel zur Austrittsfläche

c) Summe der Sektoren und Winkelbereich für den Einfallswinkel α_1, für den ein einfallender Strahl die Austrittsfläche erreicht

Unter dem Einfallswinkel $\alpha_{1,\,\mathrm{sym}} = \arcsin(n_2/n_1 \sin(\pi/2 - \gamma/2)) \approx \pi/6$ ist der Strahldurchgang durch das Prisma mit $\gamma = \pi/3$ im betrachteten Beispiel symmetrisch, der Strahl im Prisma verläuft dann senkrecht zur Winkelhalbierenden zwischen Eintritts- und Austrittsfläche des Prismas. In diesem Fall ist der minimale Querschnitt von ein- und austretendem Strahl annähernd gleich breit und größer als in allen anderen Fällen. Dadurch wird die durch Beugung am Prisma erzeugte Strahldivergenz minimiert. Wenn die Eintritts- und Austrittsflächen einer aus Prismen aufgebauten Linse gleich groß sind, müssen auch die Strahlquerschnitte beim Eintritt und Austritt in den einzelnen Prismen gleich groß sein. Ansonsten würde ein Teilstrahl – je nach Einfallswinkel α_1 – beim Durchlaufen der Prismen immer schmaler beziehungsweise breiter. Das ist nur möglich, wenn die nachfolgenden Prismen dem Strahlquerschnitt folgend auch immer kleiner beziehungsweise größer werden. Linsen, die diese Eigenschaften aufweisen, werden als adiabatische Linsen bezeichnet [40]. Bei symmetrischem Strahldurchgang bleibt als Freiheitsgrad der Öffnungswinkel des Prismas. Abbildung 4.5 zeigt den Gesamtablenkwinkel, den ein Prisma aus PMMA bei symmetrischem Strahldurchgang bei 12 keV bewirkt. Eine signifikante Erhöhung des Ablenkwinkels tritt erst bei sehr großen Öffnungswinkeln von $\gamma > \frac{5}{6}\pi$ auf.

Der Gesamtablenkwinkel einer Prismenreihe pro Millimeter $\delta_{\mathrm{sym,\,mm}}$ vom Strahl durchlaufenen Materials in Abhängigkeit des Öffnungswinkels γ der Prismen bei symmetrischem Strahldurchgang ist bis zu Winkeln nahe π fast konstant und fällt nahe dem maximalen Öffnungswinkel $\gamma = \pi$ sehr schnell auf Null (siehe Abbildung 4.6). Dabei ist die Prismenhöhe als konstant angenommen und die Prismen berühren sich mit ihren Ecken in Richtung der optischen Achse ohne Zwischenraum.

Vergleicht man den Gesamtablenkwinkel eines einzelnen parabolischen Linsenelements nach Kapitel 3.2 mit dem in einer Reihe stehender Prismen bei symmetrischem Strahldurchgang, wobei der optische Gesamtweg in beiden Fällen gleich groß sein soll, dann ergibt sich ein Verhalten wie in Abbildung 4.7. Dargestellt ist der Zusammenhang von zu durchstrahlendem Material und dem Ablenkwinkel für doppelparabolische Strukturen mit verschieden großem Krümmungsradius im Parabelgrund und Prismen mit verschiedener Kantenlänge. Jedes Prismensymbol in Abbildung 4.7 steht für ein Prisma in einer Reihe von Prismen mit der entsprechenden Kantenlänge, welche durch die Größe der Symbole gekennzeichnet ist. Das vom Röntgenstrahl durchdrungene Material steigt bei der doppelparabelförmigen Struktur mit der Apertur quadratisch

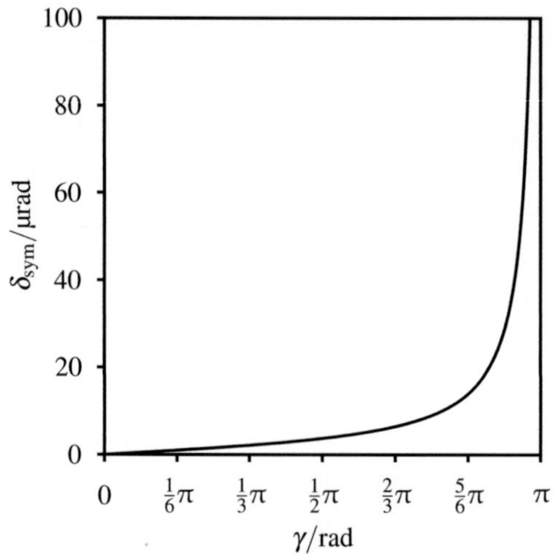

Abb. 4.5: Abhängigkeit des Ablenkwinkels eines Röntgenstrahls beim Passieren eines Prismas von dessen Öffnungswinkel bei symmetrischem Strahldurchgang

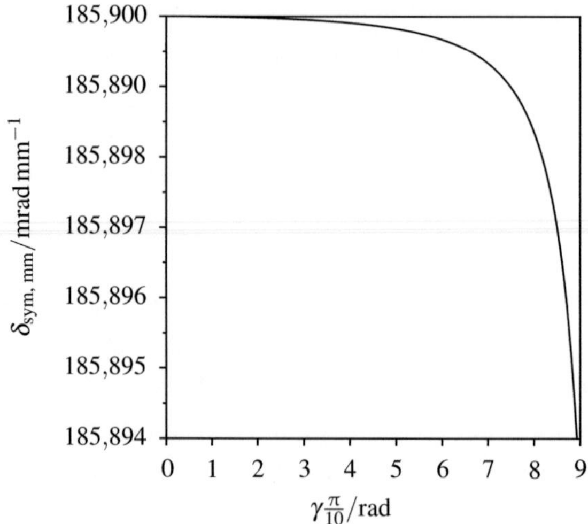

Abb. 4.6: Abhängigkeit des Gesamtablenkwinkels pro Millimeter $\delta_{\text{sym, mm}}$ vom Öffnungswinkel γ von 10 µm hohen Prismen bei symmetrischem Strahldurchgang

an, während bei Prismenlinsen dieser Zusammenhang linear ist. Ab einem bestimmten Ablenkwinkel ist daher der Gesamtablenkwinkel bei Prismenstrukturen bei gleicher Länge durchdrungenen Materials größer als der bei doppelparabolischen Strukturen.

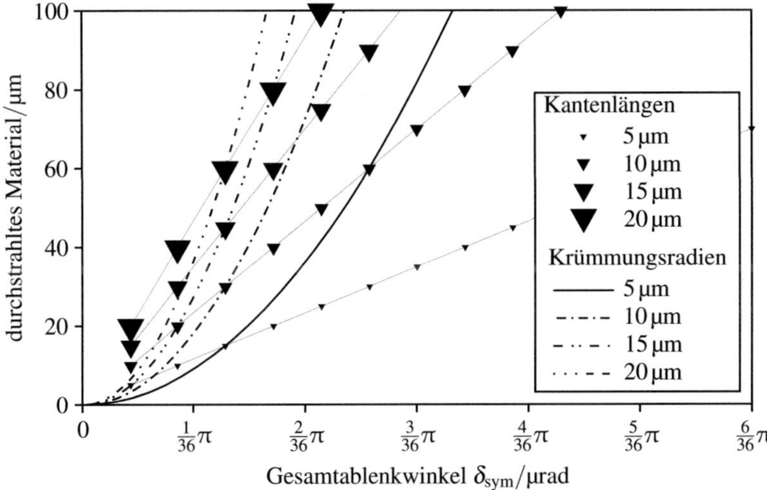

Abb. 4.7: Durchstrahltes Material von parabolischen Linsen und Prismen mit $\gamma = \pi/3$ bei symmetrischem Strahldurchgang als Funktion des Gesamtablenkwinkels

4.2 Prismenlinsen

Aus dem bisher Diskutierten folgt, dass es vorteilhaft ist, viele Prismen in einer gekrümmten Reihe hintereinander stehend zur Ablenkung des Strahls durch Brechung zu nutzen, wodurch mit jedem Prisma der Gesamtablenkwinkel um denselben Betrag erhöht wird. Wenn die einzelnen Prismen einen konstanten Abstand voneinander haben, müssen die Prismen in guter Näherung auf einer Kreiskurve liegen, soll ein einfallender Lichtstrahl alle Prismen einer Reihe durchlaufen.

Welche Prismengeometrie ist nun für eine solche aus Prismen zusammengesetzten Linse die günstigste? Prinzipiell wären Prismen mit Kantenlängen im Sub–Mikrometerbereich erstrebenswert, um die Absorption zu minimieren und den Ablenkwinkel zu maximieren. Die Untergrenze der Prismengröße würde nur durch die Beugung an solchen Prismen definiert. Derart kleine Strukturen sind heute jedoch technisch nicht herstellbar. Röntgentiefenlithographisch lassen sich Strukturen im Mikrometerbereich mit glatten Seitenwänden fertigen. Daher wurde dieses Verfahren im Rahmen dieser Arbeit eingesetzt, um solche Strukturen zu erzeugen. Damit können kleinste Prismen mit einer Kantenlänge von $10\,\mu m$ noch sinnvoll erzeugt werden.

Da der Gesamtablenkwinkel nach dem Durchlaufen einer Reihe von Prismen nahezu unabhängig vom Öffnungswinkel γ der Prismen ist, kann der Öffnungswinkel nahezu frei gewählt werden. Aus prozesstechnischer Sicht sind Prismen mit dem Öffnungswinkel $\gamma = \pi/3$ aus mehreren Gründen am günstigsten. Die Prismen weisen bei allen anderen Öffnungswinkeln an mindestens einer Kante einen relativ spitzen Winkel auf und ähneln zunehmend dünnen Lamellen, wie in Abbildung 4.1e. Solche Strukturen lassen sich röntgentiefenlithographisch nur schwer fertigen, weil die dünnen Lamellen beim Trocknen und nach dem nasschemischen Entwicklungsschritt (siehe Abbildung 4.13r) durch Kapillarkräfte zusammenkleben und später aufgrund von Haftkräften nicht mehr getrennt werden können. Für sehr kleine Lichteintrittswinkel steigt zudem die streuende Wirkung der Oberflächenrauheiten an den Prismenflächen. Damit sind sehr große und sehr kleine Öffnungswinkel für die Fertigung von Röntgenprismenlinsen ungeeignet. Für $\gamma = \pi/3$ haben die Prismen die kleinste Oberfläche im Vergleich zur Grundfläche. Damit widerstehen sie aus unterschiedlichen Richtungen angreifenden Kapillarkräften am besten und haben zugleich die größtmögliche Haftfläche auf dem Substrat.

4.2.1 Berechnung von Prismenlinsen

Die Prismen sind an ihren Kanten aus prozesstechnischen Gründen verrundet. Die Verrundungsradien liegen bei circa $0{,}5\,\mu m$, sowohl bei der röntgentiefenlithographischen Strukturierung von PMMA als auch von SU–8. Wegen der Verrundung der Prismenkanten werden nicht alle Strahlen die ein Prisma treffen in den Fokus abgelenkt. Abbildung 4.8 zeigt die Auswirkung der Verrundung auf die für die Brechung nutzbare Höhe der Prismen. Es kann nicht die gesamte Höhe h_P eines Prismas zur Brechung des Röntgenlichts in den Fokus genutzt werden, sondern nur der Abschnitt zwischen d_u und d_o. Mit $\varepsilon = \gamma/2$ ergibt sich, dass die nutzbare Prismenhöhe bei symmetrischem Strahldurchgang im oberen Bereich um den Betrag $d_o = r_P + r_P \sin(\varepsilon)$ verringert wird. Unter

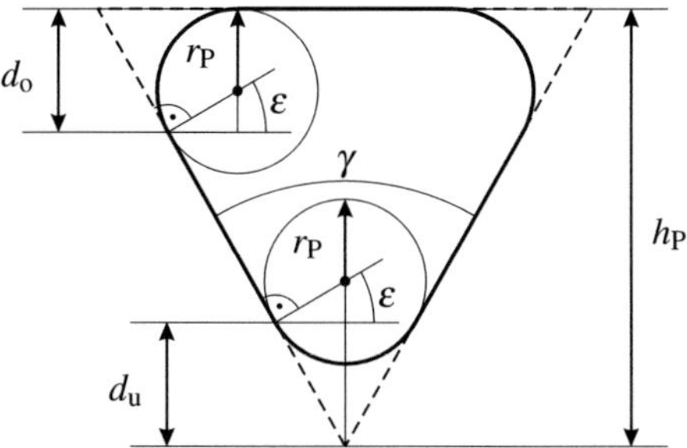

Abb. 4.8: Skizze zur Verrundung von Prismenkanten; sie ergibt sich aus dem röntgentiefenlithographischen Herstellungsverfahren

Anwendung des Höhensatzes ergibt sich, dass die nutzbare Höhe im unteren Bereich um den Betrag $d_\mathrm{u} = r_\mathrm{P}\cos^2(\varepsilon)/\sin(\varepsilon)$ verringert wird. Bei einem Verrundungsradius von $r_\mathrm{P} = 0{,}5\,\mu\mathrm{m}$ sind die Beträge für ein gleichseitiges Prisma mit $d_\mathrm{o} = d_\mathrm{u} = 0{,}75\,\mu\mathrm{m}$ gleich. Für Prismen mit Öffnungswinkeln von $\gamma \neq \pi/3$ und symmetrischen Strahldurchgang können die Werte für die nicht nutzbaren Anteile der Prismenflächen aus Abbildung 4.9 entnommen werden. Die wirksame Prismenhöhe steigt für größere Öffnungswinkel. Dennoch wurden in dieser Arbeit Prismen mit einem Öffnungswinkel von $\gamma = \pi/3$ verwendet, da die Stabilität der einzelnen Prismen bei gleichseitig–dreieckiger Grundfläche am höchsten ist. Die Prismen müssen mit einem kleinen Abstand von etwa $10\,\mu\mathrm{m}$ zueinander positioniert werden. Wird dieser Abstand deutlich unterschritten, so verbleiben nach der Entwicklung durch Proximity–Effekte bei der röntgentiefenlithographischen Bestrahlung teilbelichtete Bereiche zurück.

Auslegung von Prismenlinsen

Damit eine Röntgenprismenlinse – im Englischen *X-ray Prism Lens* (XPL) – sowohl eine ausreichend hohe Apertur als auch einen technisch nutzbaren Arbeitsabstand hat, ist eine Anordnung von bis zu 50 000 Prismenstrukturen notwendig. Dabei sind diese so angeordnet, dass für jedes Prisma, auf das ein Röntgenstrahl trifft der die Linse passiert, der Einfallswinkel des Röntgenstrahls bezüglich des Prismas gleich ist.

Beim Entwurf einer Prismenlinse wird zunächst die gewünschte Position der Linse auf der optischen Achse bezüglich des Quellpunktes z_L, ihre Apertur A und die Weglänge vom Quell– bis zur Fokusebene d_QF festgelegt. Mit der Prismenreihe im Abstand

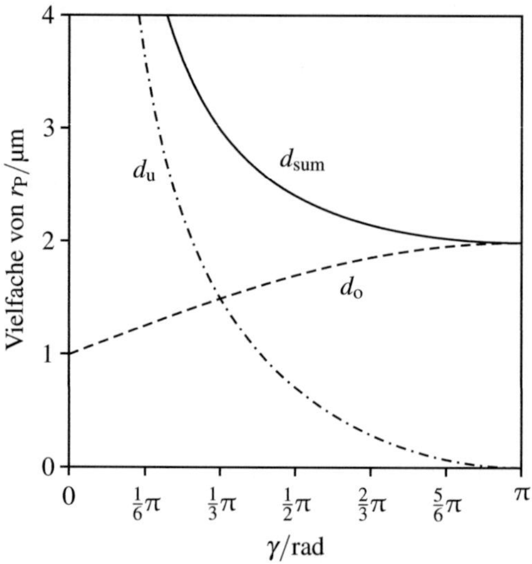

Abb. 4.9: Beträge um welche die wirksame Prismenhöhe durch die Verrundung der Kanten verringert wird; d_{sum} ist der Gesamtbetrag aus d_{o} und d_{u}

der halben Apertur zur optische Achse beginnend werden dann so viele Prismen auf einer kreisförmigen Bahn positioniert, bis der Strahl den Fokuspunkt erreicht. Da immer ganze Prismen eingesetzt werden, wird im Allgemeinen wird der Fokuspunkt nicht genau erreicht. Die Prismenanzahl in einer Reihe wird daher so gewählt, dass der Strahl in den Fokus gelenkt wird oder dichter an der Linse die optische Achse kreuzt. In der nächstinneren Prismenreihe wird das erste Prisma so positioniert, dass es mittig zwischen den ersten beiden Prismen der nächstäußeren Reihe steht (siehe Abbildung 4.10).

Um die prinzipielle Funktionalität einer Prismenlinse zu prüfen, wurde nach dieser Vorgehensweise eine Modell–Prismenlinse aufgebaut und der Strahlengang durch diese mit ZEMAX®[1] simuliert. Für eine reale Prismenlinse mit ihrer hohen Zahl an brechenden Flächen ist solch eine Simulation mit heutigen Desktoprechnern nicht durchführbar. Die Brechzahl des Linsenmaterials ist in dieser Simulation auf $n = 0,997$ gesetzt, um eine anschaulichen Linsengeometrie zu erzeugen. Die Kantenlänge l_{P} der Prismen, wie auch das Spaltmaß d_{Spalt} beträgt 1 mm. Die Apertur A_{ges} der Linse beträgt

---

[1]ZEMAX Development Corporation, Bellevue

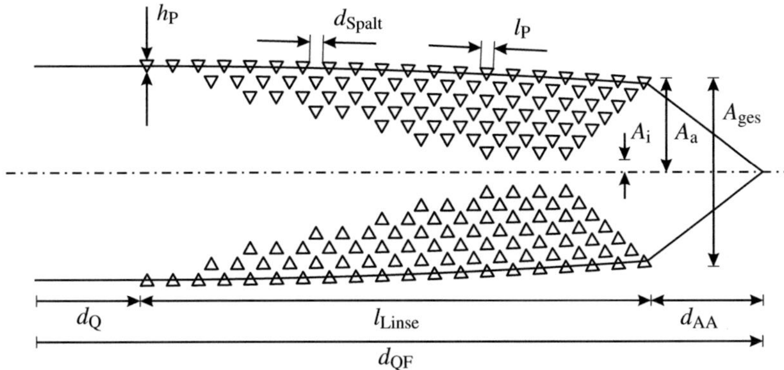

Abb. 4.10: Schematische Darstellung einer Prismenlinse

14 mm, A_i ist 0,1 mm. Licht, welches von einer linienförmigen Quelle im Abstand von 10,16 m zur Linse ausgeht, fokussiert die fiktive Linse in einem Arbeitsabstand d_{AA} von 100 mm. Abbildung 4.11 zeigt das Ergebnis dieser Simulation.

Für eine reale Prismenlinse wurde der Strahlverlauf in einem Tabellenkalkulationsprogramm simuliert. Dabei wurde die Absorption in den Prismen berücksichtigt. Abbildung 4.12 zeigt die simulierte Intensitätsverteilung in einer zum Substrat parallelen Ebene für eine Prismenlinse vom Typ A (siehe Tabelle 4.1) bei parallel einfallendem Röntgenlicht mit einer Photonenenergie von 9 keV. Die Intensitätsverteilung ist in einem Abstand von der Hinterkante der Linse von 310 mm bis 330 mm und bis zu einem Abstandsbetrag von der optischen Achse von 25 µm dargestellt.

Transmission von Prismenlinsen

Für die Transmission T_{Prisma} eines idealen Prismas gilt:

$$T_{\text{Prisma}} = \frac{1}{h_{\text{P}}} \int\limits_{0}^{h_{\text{P}}} e^{-\frac{4\pi\beta E}{1,24} 2\tan\left(\frac{\gamma}{2}\right) h} \, dh \qquad [4.2]$$

mit der Höhe h_{P} und dem Öffnungswinkel γ des Prismas und dem Extinktionskoeffizienten β des Prismenmaterials. Diese Darstellung ist gültig, wenn alle Längenmaße in Mikrometern und die Photonenenergie in Elektronenvolt eingesetzt werden. Um die Effizienz η_{Prisma} der Prismenstruktur zu ermitteln, muss die Verrundung der Strukturen berücksichtigt werden. Hierzu werden die Integrationsgrenzen in [4.2] um die Beträge

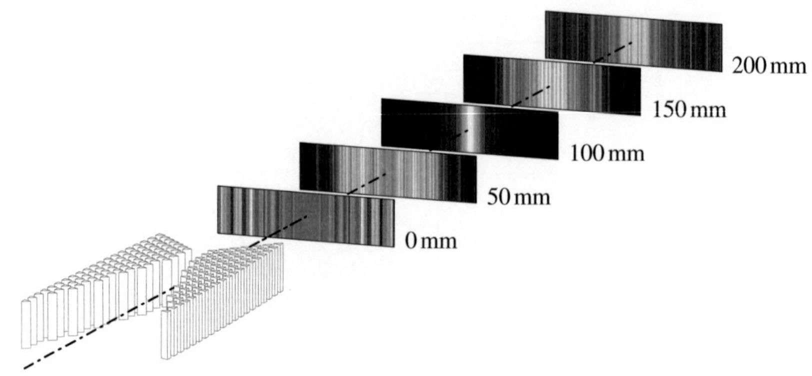

Abb. 4.11: Simulation einer Modell–Prismenlinse mit ZEMAX®; die Angaben neben den Detektorebenen beziehen sich auf den Arbeitsabstand, zur besseren Übersicht ist die optische Achse zwischen Linse und erstem Detektorbild gestreckt

d_o und d_u nach Abbildung 4.8 modifiziert, da die verrundeten Teile Röntgenlicht zwar transmittieren, es aber nicht in den Fokus lenken:

$$\eta_\mathrm{Prisma} = \frac{1}{h_\mathrm{P} - d_\mathrm{sum}} \int\limits_{0+d_\mathrm{u}}^{h_\mathrm{P}-h_\mathrm{o}} \mathrm{e}^{-\frac{4\pi\beta E}{1,24}2\tan\left(\frac{\gamma}{2}\right)h}\,\mathrm{d}h \qquad [4.3]$$

Wie in Abbildung 4.9 dargestellt, ist d_sum die Summe der Beträge von d_u und d_o. Die nicht wie gewünscht zur Brechung beitragenden Teile der Prismen werden damit nicht mit in die Berechnung des Lichts welches den Fokus erreicht, einbezogen. Da ein Röntgenstrahl jedes Prisma symmetrisch durchläuft und die Position der einzelnen Prismen in einer Reihe so gewählt wurde, dass sie einen Strahl auf einer annähernd kreisförmigen Bahn führen, ergibt sich die optische Effizienz für eine Prismenreihe $\eta_\mathrm{Prismenreihe}$ aus N_P Prismen zu:

$$\eta_\mathrm{Prismenreihe} = \frac{1}{h_\mathrm{P} - d_\mathrm{sum}} \int\limits_{0+d_\mathrm{u}}^{h_\mathrm{P}-h_\mathrm{o}} \mathrm{e}^{-\frac{4\pi\beta E}{1,24}N_\mathrm{P}2\tan\left(\frac{\gamma}{2}\right)h}\,\mathrm{d}h \qquad [4.4]$$

Unter Berücksichtigung des Freiraums zwischen optischer Achse und der Spitze des am nächsten zur optischen Achse gelegenen Prismas gilt für die optischen Effizienz einer vollständigen Prismenlinse in Abhängigkeit der Apertur A:

$$\eta_\mathrm{XPL} = \frac{1}{A_\mathrm{a} - A_\mathrm{i}} \int\limits_{A_\mathrm{i}}^{A_\mathrm{a}} \frac{1}{h_\mathrm{P} - d_\mathrm{sum}} \int\limits_{0+d_\mathrm{u}}^{h_\mathrm{P}-h_\mathrm{o}} \mathrm{e}^{-\frac{4\pi\beta E}{1,24}N_\mathrm{P}(A)2\tan\left(\frac{\gamma}{2}\right)h}\,\mathrm{d}h\,\mathrm{d}A \qquad [4.5]$$

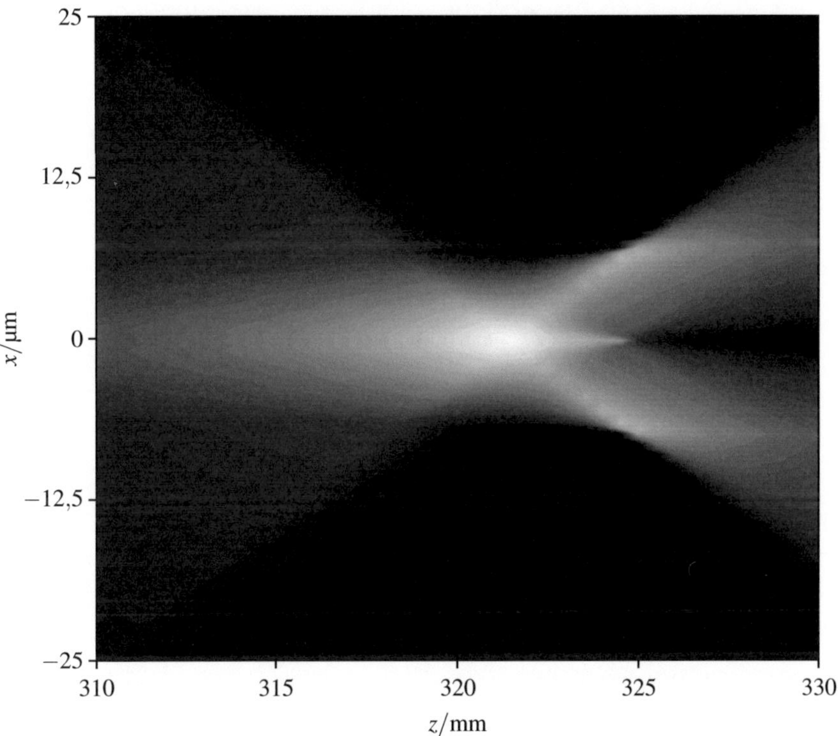

Abb. 4.12: Eine Simulation einer realen Prismenlinse aus 46 043 Prismen mit 10 µm Kantenlänge entlang der optischen Achse z; x ist eine Koordinate parallel zum Substrat und senkrecht zur optischen Achse

mit der inneren Aperturgrenze A_i und der äußeren Aperturgrenze A_a nach Abbildung 4.10. In die Berechnung der spektralen Intensitätserhöhung K_{XPL} einer Prismenlinse wird nur die optisch aktive Fläche $A_{XPL,akt}$, welche der Gesamtapertur der Linse exklusive der verrundeten Prismenkanten entspricht, einbezogen. Mit der optischen Effizienz η_{XPL} lässt sich die spektrale Intensitätserhöhung K_{XPL} bestimmen. Die spektrale Intensitätserhöhung ist durch [51] definiert als das Verhältnis der Strahlungsleistung mit und ohne den Einsatz eines röntgenoptischen Systems durch eine gewählte Referenzfläche am Ort der kleinsten Strahlabmessungen.

Die einfallende Strahlungsleistung wird als homogen verteilt angenommen, wodurch K_{XPL} durch ein Flächenverhältnis angegeben werden kann. Für Röntgenlinsen ist die in die Fokalebene projizierte Aperturfläche einer Linse näherungsweise gleich der Aperturfläche, da die Apertur A_{ges} klein und der Quellabstand d_Q groß im Vergleich zum Arbeitsabstand d_{AA} sind. Daraus ergibt sich

$$K_{XPL} = \frac{A_{XPL,akt}\eta_{XPL}}{A_{Fok,HWB}} \qquad [4.6]$$

mit der Halbwertsfläche der Intensität im Fokus $A_{Fok,HWB}$.

4.2.2 Herstellung von Prismenlinsen

Für die Herstellung von Prismenlinsen gelten hohe Anforderungen an die Struktur- und Oberflächenqualität. Viele tausend Strukturen mit Kantenlängen von etwa $10\,\mu m$ müssen über Flächen in der Größenordnung von Quadratzentimetern mit einer Genauigkeit von wenigen Mikrometern zueinander orientiert hergestellt werden. Die Oberflächenrauheit soll hierbei in der Größenordnung von wenigen Nanometern liegen, um die Streuung gering zu halten. Da die Strukturen im Vergleich zu ihrer Höhe geringe Grundflächen aufweisen, muss ein hohes Aspektverhältnis bei zur Grundfläche möglichst senkrechten Seitenwänden erreicht werden. Daher werden Prismenlinsen röntgentiefenlithographisch erzeugt. Bei diesem Herstellungsverfahren werden Absorbermasken von mit einer Synchrotronstrahlungsquelle erzeugter Röntgenstrahlung durchstrahlt und so die Absorberstrukturen auf der Maske in eine Resistschicht kopiert. Durch die geringe Wellenlänge der Röntgenstrahlung und des daraus resultierenden geringen Einflusses von Beugungseffekten auf die Kopie, lassen sich Strukturen mit den oben geforderten Eigenschaften herstellen. Eine genauere Beschreibung der Röntgentiefenlithographie als

Teil des LIGA–Verfahrens (LIthographie, Galvanoformung und Abformung) findet sich in [13]. Das vollständige LIGA–Verfahren beinhaltet die in dieser Arbeit nicht benötigte Herstellung von Formeinsätzen und die Abformung von mikrostrukturierten Bauteilen durch Heißprägen [53]. Beispiele von Anwendungen des LIGA–Verfahrens finden sich in [37]. Abbildung 4.13 zeigt schematisch die einzelnen Prozessschritte der Röntgentiefenlithographie für einen Positivresist. Bei einem Positivresist werden Polymerketten im Resist durch Bestrahlung aufgebrochen, wodurch das Molekülgewicht in den bestrahlten Bereichen sinkt und dadurch die Löslichkeit in Entwicklerflüssigkeiten erhöht wird. Wird in den entsprechenden Schritten ein Negativresist eingesetzt, ergibt sich in diesen Schritten eine Tonumkehr. Bei einem Negativresist sinkt die Löslichkeit der belichteten Bereiche im Entwickler, da durch den Energieeintrag durch die Röntgenstrahlung ein Katalysator aktiviert wird, wodurch Molekülketten vernetzen.

Für die Röntgentiefenlithographie werden zur Herstellung von Strukturen mit hohen Aspektverhältnissen zwei Masken benötigt. Die erste Maske, die sogenannte *Zwischenmaske* wird durch Elektronenstrahllithographie hergestellt (Abbildung 4.13a bis i). Diese Maske weist Absorberstrukturen aus Gold mit einer Höhe von etwa 2,2 µm auf. Höhere Strukturen können aufgrund der starken Streuung von Elektronen in Resistschichten nicht direkt erzeugt werden. Die Absorberstrukturen werden durch Galvanisieren in die entwickelten Resiststrukturen hergestellt (Abbildung 4.13f). Die Zwischenmaske wird im LIGA–Verfahren in eine *Arbeitsmaske* umkopiert, die etwa 25 µm dicke Absorberstrukturen aufweist (Abbildung 4.13j bis p). Die Absorber auf der Arbeitsmaske sorgen damit für einen ausreichend hohen Röntgenkontrast zur röntgentiefenlithographischen Strukturerzeugung mit hohem Aspektverhältnis (Abbildung 4.13q und r).

Im Rahmen dieser Arbeit wurden Prismenlinsen röntgentiefenlithographisch mit einer Zwischenmaske und mit der über die Zwischenmaske erzeugten Arbeitsmaske hergestellt. Aufgrund des unterschiedlichen Tons von Arbeits– und Zwischenmaske wurde für die Bestrahlung mit der Zwischenmaske ein Positivresist, PMMA, und für die Bestrahlung mit der Arbeitsmaske ein Negativresist, SU–8, verwendet.

Zur Herstellung von verschiedenen Prismenlinsen wurde das in Abbildung 4.14 vereinfacht dargestellte Layout erstellt. In Tabelle 4.1 sind die Spezifikationen der Linsen zusammengefasst.

Im Layout sind sieben Prismenlinsen (A–G) mit $N_{P,ges}$ Prismen unterschiedlicher Kantenlänge enthalten. Der rechte Teil des Layouts enthält Teststrukturen. Die

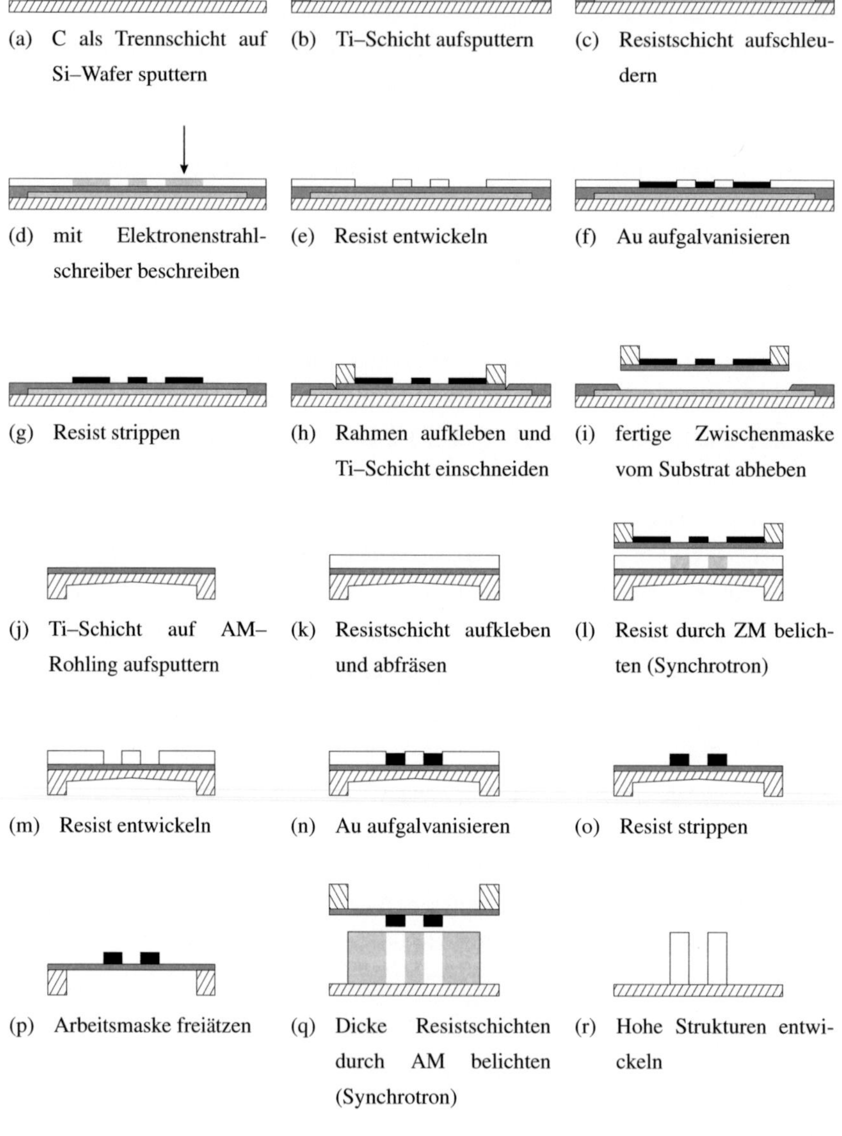

Abb. 4.13: Prozessschritte der Röntgentiefenlithographie; in dieser Darstellung für Positivresiste

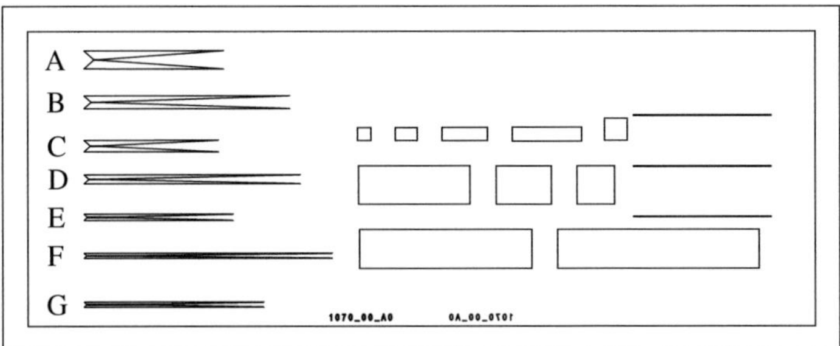

Abb. 4.14: Layout zum Elektronenstrahlschreiben; im linken Teil befinden sich die wäscheklammerförmigen Prismenlinsen, der rechte Teil enthält Felder mit Prismenteststrukturen

Linsen wurden so berechnet, dass sie, aus SU–8 hergestellt, Röntgenlicht mit einer Photonenenergie von 9 keV ausgehend von einer punktförmigen Quelle, die 325 mm von der Linse entfernt ist, kollimieren, beziehungsweise in einem Abstand von 650 mm von Quell- zum Fokuspunkt fokussieren.

Prismenlinse	A	B	C	D	E	F	G
l_{Linse} [mm]	11,27	16,53	10,845	17,355	12,03	19,89	14,445
l_{P} [μm]	10	10	15	15	30	30	45
$N_{\text{P, ges}}$	46043	48056	12850	15992	2040	2812	908
d_{Spalt} [μm]	10	10	15	15	30	30	45
A_{ges} [μm]	1400	1000	900	700	500	400	400
d_{QF} [mm]	∞	650	∞	650	∞	650	∞
$T_{\text{Randstrahl}}$ [%]	4,13	4,53	4,89	4,14	4,56	3,17	3,59

Tab. 4.1: Eigenschaften der im Layout enthaltenen Prismenlinsen; der Quellabstand beträgt bei jeder Linse 325 mm, alle Linsen wurden für das Brechzahldekrement $\delta_{\text{SU-8}}(9\,\text{keV})$ berechnet; Bezeichnungen wie in Abbildung 4.10, $N_{\text{P, ges}}$, die Gesamtanzahl der Prismen in einer Linse taucht in Abbildung 4.10 nicht auf

Die Apertur A_{ges} wurde so gewählt, dass die Transmission der nach außen weisenden Kanten der Prismen in der äußersten Prismenreihe gerade unter 5 % liegt.

Mit der Arbeitsmaske aus dem röntgentiefenlithographischen Prozess wurden Prismenlinsen aus SU–8 mit hohem Aspektverhältnis hergestellt. SU–8 ist ein Negativresist auf Epoxidharzbasis, der bereits bei Energieeinträgen von $< 100\,\mathrm{J\,cm^{-2}}$ vernetzt. Nach der Prozessierung ist der Resist im Vergleich zu PMMA beständiger gegenüber Röntgenstrahlung. Tabelle 4.2 zeigt die Zusammensetzung von fertig prozessiertem SU–8 bei einer Dichte von $1{,}2\,\mathrm{g\,cm^{-2}}$. Die Daten wurden durch Röntgenspektroskopie und durch Gaschromatographie der Verbrennungsgase von SU–8 gewonnen [30]. Zur Herstellung

Element	C	O	H	Sb	F	S
Anteil in %	72,7	18,2	6,9	1,4	0,6	0,2

Tab. 4.2: Elementare Zusammensetzung von SU–8

der Linsen wurde der Resist in etwa 1 mm dicken Schichten auf Siliziumwafer aufgeschleudert und bei 95 °C auf weniger als 3 % Restlösungsmittelgehalt getrocknet. Nach der Belichtung mit Synchrotronstrahlung und einem Hardbake bei 95 °C für 2 h wurden die Strukturen mit der Resistoberfläche nach unten weisend aus dem Resist herausentwickelt. Die Entwicklung wurde im Becherglas durchgeführt, um möglichst jede unnötige Bewegung in der Entwicklerflüssigkeit zu vermeiden und so die Strukturen mit hohem Aspektverhältnis zu erhalten.

Durch Bestrahlung mit der Zwischenmaske erzeugte Prismenlinsen aus PMMA wurden aufgrund der geringen Dicke der Absorberstrukturen in einer Höhe von 115 µm hergestellt. Die Mikrostrukturen wurden hierbei direkt in die Oberfläche einer 3,5 mm starken Platte aus Plexiglas® einbelichtet und aus dieser herausentwickelt. Die Brechzahldekremente δ für SU–8 und PMMA unterscheiden sich für diese Photonenenergie nicht, wie aus Abbildung 2.3 zu ersehen. Daher lässt sich mit einem Layout für SU–8 auch eine Prismenlinse aus PMMA anfertigen. Bei unterschiedlichen Brechzahldekrementen würde durch die strahlfolgende Anordnung der Prismen gar kein Fokus erzeugt. Abbildung 4.15 zeigt eine mit der Zwischenmaske hergestellte PMMA–Probe im experimentellen Einsatz am Strahlrohr BM5 an der Synchrotronquelle ESRF (*European Synchrotron Radiation Facility*) in Grenoble, Frankreich. In Abbildung 4.16 ist die Linse A der PMMA–Probe als Röntgenabsorptionsbild dargestellt. Das Bild

Abb. 4.15: Probe aus PMMA am Strahlrohr BM5, ESRF

wurde mit einer Photonenenergie von 28 keV aufgenommen. Im unteren Teil des Bildes ist das dunkel erscheinende PMMA–Substrat zu sehen, auf dem die Prismenstrukturen stehen. Die Strukturen in der rechten Bildhälfte stehen gerade auf dem Substrat, während die Strukturen in der linken Bildhälfte teilweise aneinander kleben. Dadurch ist die Linsengeometrie besonders im oberen Teil der Halblinse gestört.

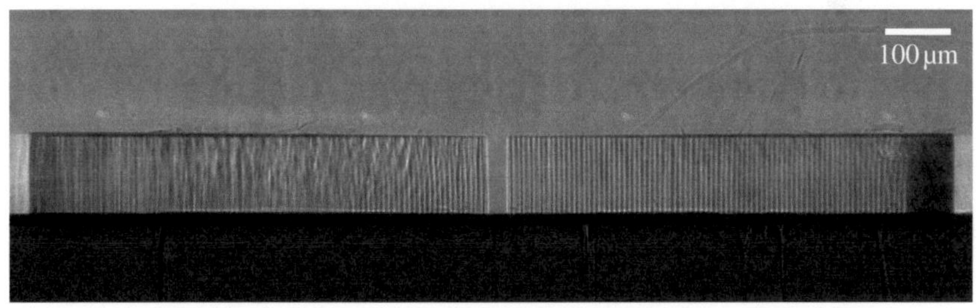

Abb. 4.16: Röntgenabsorptionsbild der Linse A der PMMA-Probe bei 28 keV

4.2.3 Hohe Aspektverhältnisse

Eine einzelne Prismenlinse erzeugt einen linienförmigen Fokus. Wie in Kapitel 3.2 angemerkt, kann mit zwei Prismenlinsen, die um 90° gegeneinander verdreht hintereinander in der optischen Achse platziert sind, ein Punktfokus erzeugt werden. Um in dieser Anordnung die volle Apertur der Prismenlinsen ausnutzen zu können, müssen die Höhe der Prismen und die Apertur der Linsen gleich sein. Für eine Prismenlinse mit einer Apertur von 1,4 mm und mit einer Kantenlänge der Prismen von 10 µm, wie im Prismenlinsenlayout A vorgesehen, muss danach ein Aspektverhältnis von $1{,}4\,\text{mm}/10\,\mu\text{m} = 140$ erreicht werden. Für eine einzelne und freistehende Struktur ist das mit dem LIGA–Verfahren erreichbar. Stehen die Strukturen nahe beieinander, wie bei Prismenlinsen der Fall, kleben die Strukturen nach der Entwicklung während der Trocknung durch Kapillarkräfte zum Teil zusammen, wie in Abbildung 4.17 am Beispiel einer Prismenlinse aus SU–8 nach Linsenlayout C zu sehen.

Abb. 4.17: Rasterelektronenmikroskopische Aufnahme teilweise aneinander klebender Strukturen einer Prismenlinse; die Prismenstrukturen bestehen aus SU–8, das Aspektverhältnis beträgt 11 bei einer Prismenkantenlänge von 15 µm nach Linsenlayout C

Um diesem Problem zu begegnen, wurden verschiedene Ansätze verfolgt. Zur Stabilisierung der Strukturen kann eine Prismenlinse mit einem mit den Strukturen verbundenen Deckel versehen werden: In Abbildung 4.18, einer rasterelektronenmikroskopischen Aufnahme, ist eine Prismenlinse aus SU–8 zu sehen, auf die nach der Belichtung und vor der Entwicklung ein zuvor prozessierter Deckel aus SU–8 mit flüssigem SU–8 aufgeklebt wurde. Klar erkennbar ist, dass die Geometrie der Prismenstrukturen im Bereich unterhalb des Deckels besser erhalten bleibt als bei den Strukturen im Bildvordergrund außerhalb dieses Bereichs. Für Prismenlinsen ist diese Methode der Strukturstabilisie-

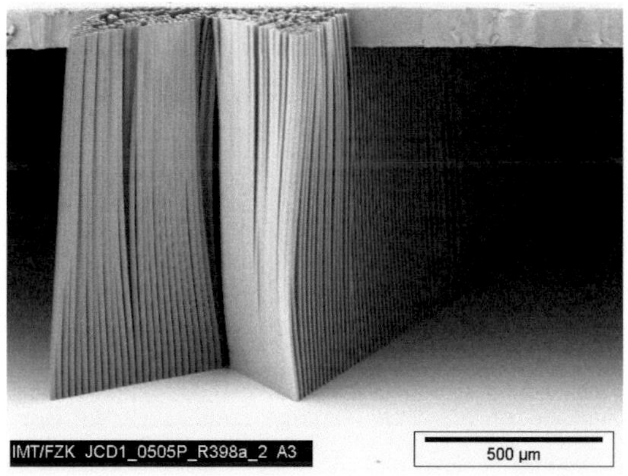

Abb. 4.18: Mit einem Deckel aus SU–8 stabilisierte Prismenstrukturen aus SU–8 nach Linsenlayout D; das Aspektverhältnis beträgt 60; für kleinere Prismenstrukturen in dieser Höhe reicht die stabilisierende Wirkung einer Deckelung nicht aus.

rung bis zu einem Aspektverhältnis von etwa 60 geeignet.

Außer durch Aufkleben kann der Deckel auch auf andere Art und Weise erzeugt werden: Nach der Belichtung mit Synchrotronstrahlung kann die oberste Schicht des Resists mit einem Laser flutbelichtet werden. Der Laser muss bei einer Wellenlänge arbeiten, für die der Resist stark absorbierend wirkt und dadurch nur in der gewünschten Tiefe, die der Dicke des Deckels entspricht, vernetzt. Wird die Probe nach der Belichtung mit Synchrotronstrahlung um 90° gedreht, wie in Abbildung 4.19 dargestellt, kann der Deckel mit einer entsprechenden Blende wiederum mit Synchrotronstrahlung einbelichtet werden.

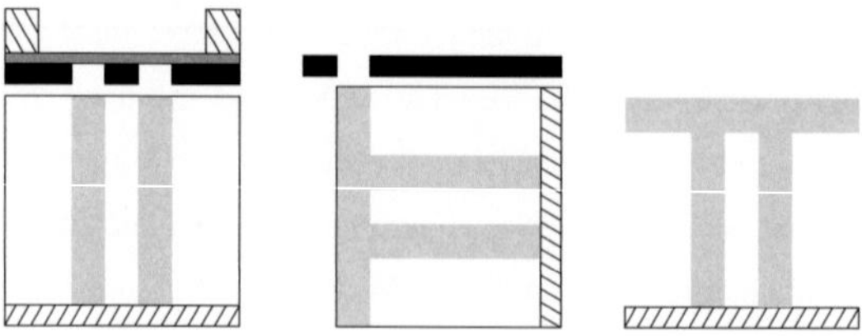

Abb. 4.19: Einbelichten eines stabilisierenden Deckels durch Drehung der Probe um 90° und Einsatz einer Blende

Eine weitere Möglichkeit die Strukturen mit hohem Aspektverhältnis zu erhalten ist die Umgehung der flüssigen Phase während der Trocknung der entwickelten Strukturen durch Einfrieren und Sublimieren.

4.3 Rolllinsen

Rolllinsen – im Englischen *Rolled X-ray Prism Lenses* (RXPL) – folgen dem selben Grundprinzip der Transparenzerhöhung wie Prismenlinsen. Durch Erhöhung der Anzahl der brechenden Flächen im gleichen Volumen erhöht sich die Brechkraft der Linse bezogen auf die Absorption der Linse. Im Gegensatz zu Prismenlinsen erzeugt eine Rolllinse direkt einen Punktfokus, ohne dass eine zweite Linse um 90° gekippt in den optischen Strahlengang eingebracht werden muss. Abbildung 4.20 zeigt eine schematische Zeichnung des Aufbaus einer solchen Linse. Da für ihre Herstellung kein röntgentiefenlithographischer Prozessschritt benötigt wird, ist ihre Apertur unabhängig vom maximalen durch Lithographie erreichbaren Aspektverhältnis. Da eine Rolllinse aus einer strukturierten und gerollten Folie besteht, wird ihre größtmögliche Apertur neben der Begrenzung durch die Absorption nur von der Länge der strukturierten Folie bestimmt, deren Qualität unabhängig von ihrer Länge, beziehungsweise ihrer Fläche ist.

4.3.1 Berechnung von Rolllinsen

Rolllinsen stellen eine dreidimensionale Variante von Prismenlinsen dar, die im Idealfall aus einer Anordnung einer großen Anzahl von ineinander geschachtelten Ringen mit dreieckigem Querschnitt aufgebaut sind. Diese Prismenringe weisen mit einer Kante auf die Mittelachse der Linse. Durch die Annäherung dieser Geometrie durch eine

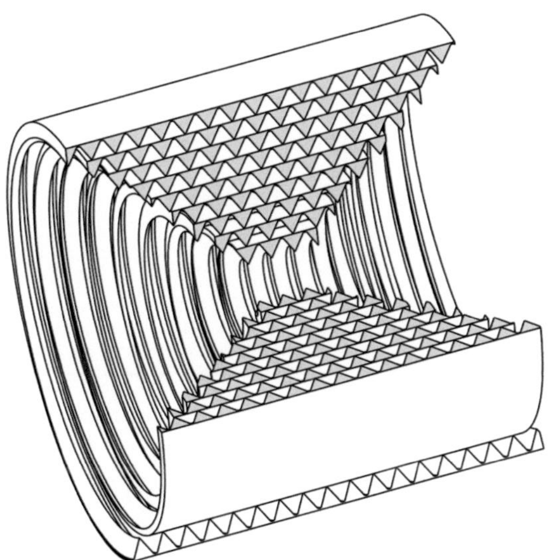

Abb. 4.20: Schemazeichnung der inneren Struktur von Rolllinsen mit Ausbruch

spiralförmig aufgerollte, strukturierte Folie, wie in dieser Arbeit geschehen, wird der Herstellungsprozess entscheidend vereinfacht, jedoch die Idealform nur angenähert. Auf diese Weise ist es nicht notwendig vereinzelte Prismenringe zu handhaben und diese mit hoher relativer Genauigkeit zueinander zu einer Linse zusammenzusetzen.

Im Querschnitt normal zur Strahlachse stellt die zur Linse zusammengerollte Folie eine archimedische Spirale dar. Der Radius der Spirale ist durch die Beziehung $r(\varphi) = a\varphi$ über einen Parameter $a \geq 0$ mit dem Drehwinkel φ verknüpft. Der konstante Abstand zwischen den Windungen in Richtung des Koordinatenursprungs im Zentrum der Spirale einspricht $2\pi a$, für die Folienstärke d_F gilt demnach $a = d_F/2\pi$. Die Länge l der Spirale wird durch Gleichung 4.7 mit dem Drehwinkel φ und dem Parameter a beschrieben:

$$l(\varphi) = \frac{a}{2}\left(\varphi\sqrt{\varphi^2+1} + \ln\left(\sqrt{\varphi^2+1}+\varphi\right)\right) \qquad [4.7]$$

Abbildung 4.21 zeigt die Konvention hinsichtlich der Koordinaten zur Beschreibung des aufgerollten Konstrukts und der Folie vor dem Aufrollen. Über einen Drehwinkel von 2π ändert sich die Anzahl der eigentlich benötigten Prismen um die Differenz der berechneten Anzahl von Prismen in zwei aufeinander folgenden Reihen von Prismen.

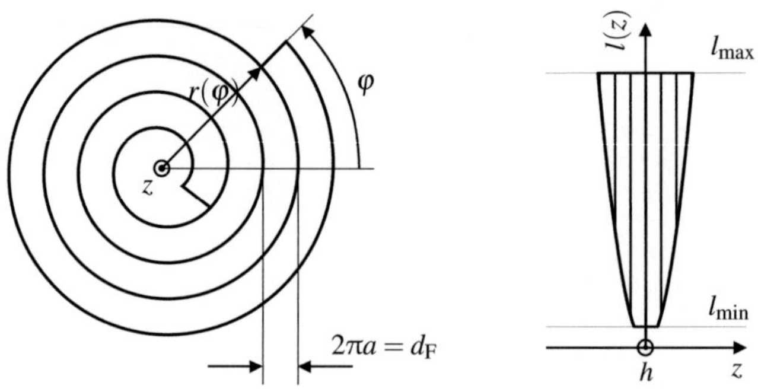

Abb. 4.21: Koordinaten und Bezeichnungen an der aufgerollten (links) und der Folie vor dem Aufrollen (rechts) mit schematischer Darstellung ihrer Kontur

Diese durch die Spiralform begründete Eigenschaft schlägt sich in einer Abweichung vom Arbeitsabstand der Linse im Vergleich zu einer idealen Linse nieder.

Die Verwendung einer strukturierten Folie bringt zwingend die Einführung einer Deckschicht mit sich, welche die prismenartigen Strukturen zusammenhält. Die Deckschicht trägt nicht zur Brechung bei. Sie muss deshalb so dünn sein, wie es hinsichtlich ihrer mechanischen Stabilität möglich ist.

Linsenkontur

Die Form der Rolllinse wird für parallelen Strahleinfall aus der Position der Linsenmitte z_{Linse} und der Fokalebene z_{Fok} auf der optischen Achse und dem in Abhängigkeit vom Linsenradius $r(\varphi)$ erforderlichen Gesamtablenkwinkel $\delta_{ges}(r,d)$ errechnet, wie in Abbildung 4.22 dargestellt. Für nicht parallelen Strahleinfall erfolgt die Berechnung analog, es gilt dann jedoch $\alpha_{aus} \neq \delta_{ges}$.

Da der Strahl die Prismen nicht unter sehr flachen Winkeln trifft (siehe Abbildung 4.3) kann näherungsweise angenommen werden, dass jedes Prisma mit demselben Winkel δ_P zum Gesamtablenkwinkel beiträgt. So ergibt sich die notwendige Anzahl von Prismen N_P in der Prismenreihe N_R zu

$$N_P(N_R) = \frac{\arctan\left(\frac{rN_R d_F}{d}\right)}{\delta_P} \qquad [4.8]$$

Mit der hier anwendbaren Näherung für kleine Winkel $\sin(x) = x = \tan(x)$ zwischen Strahl und optischer Achse muss in jeder Prismenreihe $N_R > 1$ dieselbe Anzahl an

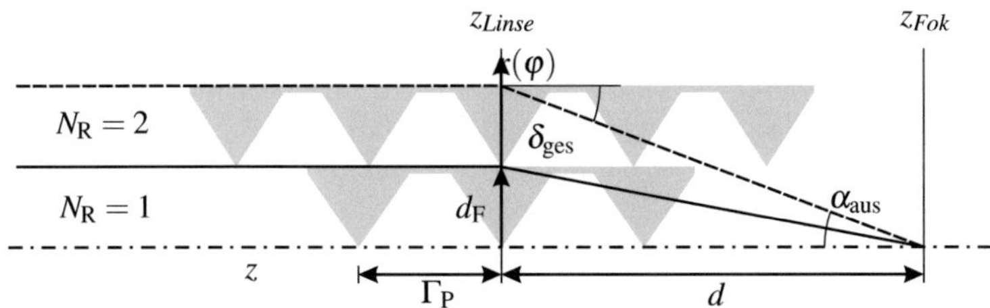

Abb. 4.22: Bestimmung der Linsenform von Rolllinsen unter parallelem Strahleinfall; für nicht parallelen Strahleinfall ist $\alpha_{\mathrm{aus}} \neq \delta_{\mathrm{ges}}$

Prismen $\Delta N_{\mathrm{P}} = N_{\mathrm{P}}(N_{\mathrm{R}} + 1) - N_{\mathrm{P}}(N_{\mathrm{R}})$ hinzugefügt werden. Für die Linsenkontur in einem Schnitt parallel zur optischen Achse wird damit eine lineare Funktion $f(z) = mz$ mit $m = d_{\mathrm{F}}/(\Delta N_{\mathrm{P}}\Gamma_{\mathrm{P}})$ mit dem Rastermaß Γ_{P} gebildet, die diese beschreibt. $f(z)$ wird unter Gleichsetzen mit $r(\varphi)$ und Auflösen nach φ auf $l(\varphi)$ abgebildet und so in das kartesische Koordinatensystem übersetzt:

$$l(z) = \frac{d_{\mathrm{F}}}{2\pi} \left(b\sqrt{b^2 + 1} + \ln\left(\sqrt{b^2 + 1} + b \right) \right) \quad \text{mit} \quad b = \frac{2\pi m}{d_{\mathrm{F}}} z \qquad [4.9]$$

Transmission von Rolllinsen

Im Unterschied zu Prismenlinsen sind bei Rolllinsen die geometrischen Randbedingungen zu Brechung und Absorption nicht an jedem einzelnen Prisma gleich, da die Prismenreihen parallel zur optischen Achse angeordnet sind. Die absorbierende Weglänge in nacheinander durchlaufenen Prismen für einen Röntgenstrahl wurde als konstant angenommen, um die Berechnung zu vereinfachen. Aufgrund der im Verhältnis zu Quell- und Arbeitsabstand geringen Aperturen und den daraus resultierenden Ablenkwinkeln in der Größenordnung von wenigen Millirad ergibt sich aus dieser Näherung nur ein geringer Fehler. Für die Transmission einer Reihe aufeinanderfolgender Prismen gilt damit:

$$T_{\mathrm{Reihe}} = \frac{1}{h_0} \int_0^{h_0} e^{-\frac{4\pi\beta E}{1{,}24} N_{\mathrm{P}} 2\tan\left(\frac{\gamma}{2}\right) h} \, dh \qquad [4.10]$$

h_0 bezeichnet die Höhe der Prismen in μm, $4\pi\beta$ entspricht dem linearen Absorptionskoeffizienten μ, E ist die Photonenenergie in eV, N_{P} die Anzahl der Prismen und γ der Öffnungswinkel der Prismen. Alle Längenmaße sind in μm anzugeben. Die Anzahl der Prismen N_{P} hängt von der Breite der Folie an einer Stelle $l(z_0)$ und dem Rastermaß

Γ_P der Prismenstruktur ab. Zur Berechnung von $N_P(l)$ muss die Umkehrfunktion $z(l)$ für Gleichung 4.9 gebildet werden. Das ist möglich durch eine Annäherung von Gleichung 4.9 durch eine Parabel. $N_P(l)$ ist dann:

$$N_P(l) = 2\frac{z(l)}{\Gamma_P} \qquad [4.11]$$

In 4.10 eingesetzt ergibt sich die Gesamttransmission der Folie:

$$T_{\text{Folie}} = \frac{1}{l_{\max} - l_{\min}} \int\limits_{l_{\min}}^{l_{\max}} \frac{1}{h} \int\limits_{0}^{h_0} e^{-\frac{4\pi\beta E}{1,24}N_P 2\tan\left(\frac{\gamma}{2}\right)h}\, dh\, dl \qquad [4.12]$$

Es muss der Effekt berücksichtigt werden, dass aus Gründen der Geometrie nicht alle in eine Rolllinse einfallenden Strahlen in den Fokus gelenkt werden können, da die Positionen der Prismen nicht vom Strahlverlauf abhängen, sie passen sich nicht der Lage des durch die Linse propagierenden Stahls an. Ein in eine Rolllinse einfallender Strahl kann innerhalb der Linse auf die Deckschicht der nächsten zur optischen Achse hin liegenden Prismenreihe treffen und trägt dann nicht mehr zur Intensität im Fokus bei. Abbildung 4.23 zeigt einen Strahl, der das letzte Prisma in der Reihe in die er einfällt in seiner der optischen Achse zugewandten Spitze schneidet. Ein Strahl, der in einer Höhe $h < h_{\min}$ in die Reihe einfällt, wird nicht mehr in den gewünschten Fokus abgelenkt. Mit

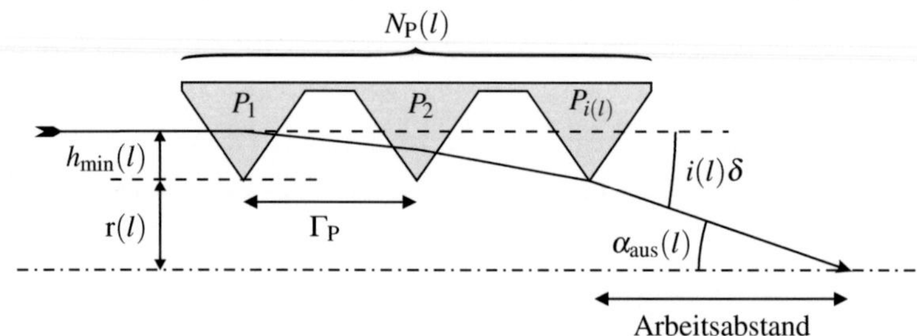

Abb. 4.23: Ein in der Höhe $h_{\min}$ in die Linse einfallender Strahl verlässt eine Reihe von Prismen nicht und unterliegt somit nicht der Totalreflexion, beziehungsweise Streuung an der nächsten zur optischen Achse hin liegenden Reihe; er schneidet das letzte Prisma genau an dessen Spitze

den in Abbildung 4.23 gegebenen Größen berechnet sich h_{min} zu:

$$h_{\mathrm{min}}(l) = \sum_{i=1}^{N_{\mathrm{P}}(l)} \tan(\alpha_{\mathrm{aus}}(l) - i\delta)\Gamma_{\mathrm{P}} \qquad [4.13]$$

Aufgrund der Tatsache, dass nicht nur die reine Absorption im Linsenmaterial den Anteil des Lichts, der den Fokus erreicht, bestimmt, sondern auch ein Teil des Lichts den Fokus aus oben ausgeführten Gründen nicht erreicht, wird an dieser Stelle nicht die Transmission, sondern die optische Effizienz η_{RXPL} der Rolllinse angegeben. Sie ergibt sich zu:

$$\eta_{\mathrm{RXPL}} = \frac{1}{l_{\mathrm{max}} - l_{\mathrm{min}}} \int\limits_{l_{\mathrm{min}}}^{l_{\mathrm{max}}} \frac{1}{h_0} \int\limits_{h_{\mathrm{min}}(l)}^{h_0} \mathrm{e}^{-\frac{4\pi\beta E}{1,24}N_{\mathrm{P}}(l)2\tan\left(\frac{\gamma}{2}\right)h} \, \mathrm{d}h \, \mathrm{d}l \qquad [4.14]$$

Mit der optischen Effizienz lässt sich die spektrale Intensitätserhöhung K_{RXPL} der Linse angeben. Als Referenzfläche wird hier die Fleckgröße des Fokuspunktes begrenzt durch einen Intensitätsabfall auf 50 % – die Halbwertsfläche $A_{\mathrm{Fok.,HWF}}$ – gewählt. Durch die Deckschicht, die die Linsen zusammenhält, wirkt aber nicht die gesamte Fläche fokussierend, daher geht nur die optisch aktive Fläche in den Gewinn ein. Die optisch aktive Fläche $A_{\mathrm{RXPL,akt}}$ ist die Aperturfläche abzüglich der Stirnfläche der Deckschicht. Die Deckschicht wird als vollständig absorbierend angenommen. Anstelle eines Ausdrucks für die Transmission wird die optische Effizienz eingesetzt und es ergibt sich:

$$K_{\mathrm{RXPL}} = \frac{A_{\mathrm{RXPL,akt}}\eta_{RXPL}}{A_{\mathrm{Fok,HWF}}} \qquad [4.15]$$

4.3.2 Herstellung von Rolllinsen

Im Rahmen dieser Arbeit wurden Rolllinsen aus Polyimid hergestellt. Da dieses Material im fertig prozessierten Zustand eine große mechanische Stabilität und zugleich ausreichende Flexibilität aufweist eignet es sich besonders gut zur Herstellung der Rolllinsen. Im Vergleich zu anderen Polymeren ist Polyimid außerdem beständiger gegenüber Röntgenstrahlung im relevanten Wellenlängenbereich.

Zur Fertigung der Rolllinsen ist eine dünne Trägerfolie, die auf einer Seite prismenartige Strukturen aufweist, notwendig. Diese Folie wird durch Abformung hergestellt. Als Abformwerkzeug dient ein strukturierter Si–Wafer. Der Wafer hat auf der Oberseite parallele Vertiefungen mit dreieckigem Querschnitt, die durch anisotropes Ätzen erzeugt werden.

Zu deren Herstellung lässt sich das anisotrope Ätzverhalten von einkristallinem Silizium in KOH wie im Folgenden dargestellt ausnutzen. Befindet sich auf einem {100}–Siliziumwafer eine Ätzmaske aus parallelen Stegen, die parallel oder senkrecht zum Flat orientiert sind, so ätzt KOH V–förmige Vertiefungen mit einem Öffnungswinkel von $\gamma = 70{,}52°$ in den Wafer. Eine zusätzlich aufgebrachte Trennschicht ermöglicht die spätere Ablösung des in die Struktur gegossenen Polyimid–Präkursors. Nach der vollständigen Vernetzung des Polyimid-Präkursors in der Substratstruktur wird die entstandene strukturierte Folie abgelöst und stellt das Grundmaterial zum Rollen der Linsen dar. Die Abfolge der Prozessschritte illustriert Abbildung 4.24. Im linken Teil der Schemata zu den einzelnen Verfahrensschritten ist der Schichtaufbau dargestellt, im rechten Teil jeweils die schematische Strukturgeometrie.

Substratvorbereitung

Als Halbzeug zur Herstellung des Abformwerkzeugs dient ein bis in eine Tiefe von $1\,\mu m$ oxidierter {100}–Siliziumwafer. Die zu strukturierende SiO_x–Schicht erfüllt beim anisotropen Ätzen die Funktion einer Ätzmaske. Zur Strukturierung dieser Schicht dienen die in Abbildung 4.24 dargestellten Prozessschritte 1–9. Eine direkte Strukturierung der Schicht durch AZ–Lack als Ätzmaske ist nicht möglich, da der Lack von KOH zu stark angegriffen wird.

Substratherstellung

Die Einbelichtung der Gitterstruktur in den Positivresist erfolgt mit Hilfe einer Glasmaske durch UV–Strahlung. Die Glasmaske trägt Gitterstrukturen mit einem Rastermaß von $20\,\mu m$ bei einem Bedeckungsgrad von $50\,\%$. Um beim anisotropen Ätzen die gewünschten V–förmigen Gräben zu erhalten, wird die Gitterstruktur senkrecht zum Primärflat des Wafers ausgerichtet. Diese Orientierung erleichtert die im weiteren Prozessverlauf notwendige justierte Belichtung des Polyimids. Die V–förmigen Gräben sollen im fertigen Abformwerkzeug einen möglichst geringen Abstand zueinander haben. Dieser kann an dieser Stelle in geringen Grenzen durch eine gezielte Überbelichtung verringert werden. Wird aber zu stark überbelichtet, löst sich beim anisotropen Ätzen die Chromschicht durch Unterätzung vom Quarzsubstrat ab. Mit einer Belichtungsdosis von $110\,mJ\,cm^{-2}$, wie sie in dieser Arbeit eingestellt wurde,

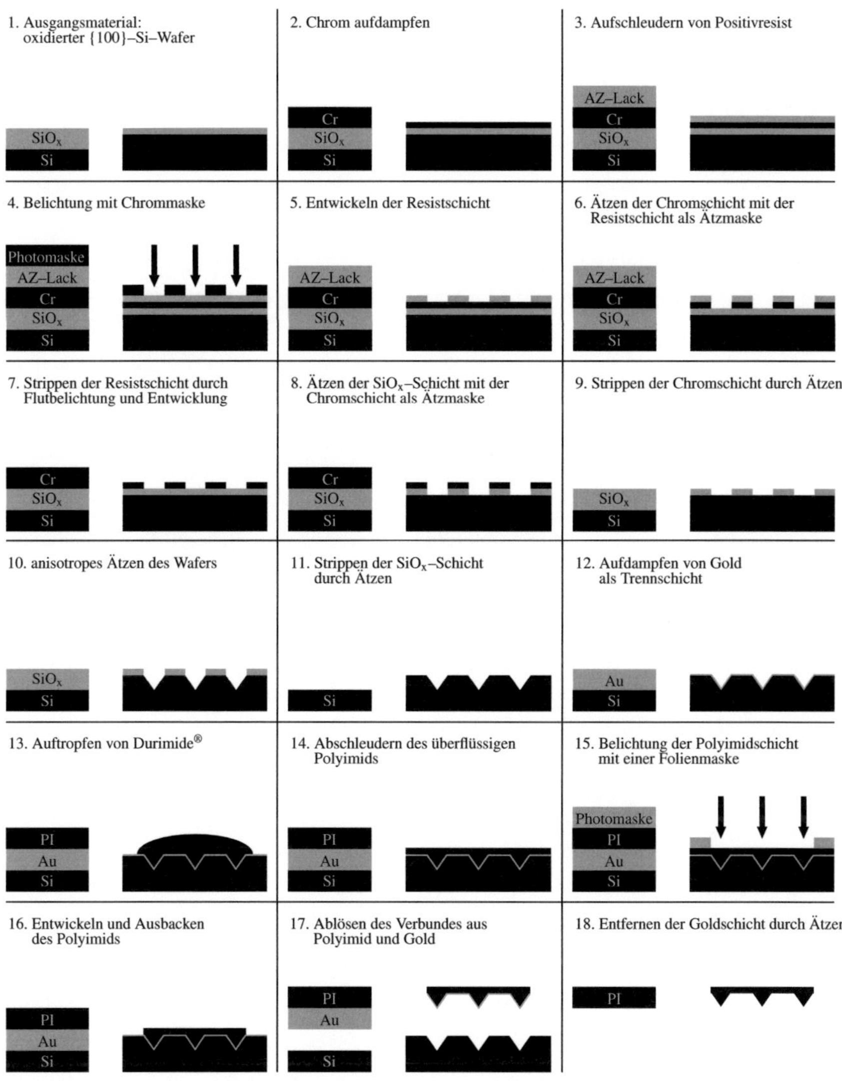

Abb. 4.24: Alle Verfahrensschritte zur Herstellung der strukturierten Folie; der Abformwafer kann nach einem Reinigungsschritt wiederverwendet werden, die Folienherstellung beginnt dann mit Schritt 12

ergibt sich im fertigen Abformwerkzeug zwischen den V-förmigen Gräben ein Abstand von etwa 8 µm.

Die strukturierte Positivresistschicht dient als Ätzmaske zum Ätzen der Chromschicht. Als Ätzmittel wird Chrome-Etch n°1[2] verwendet. Da die aufgedampfte Chromschicht nur etwa 100 nm stark ist, besteht die Gefahr des Unterätzens nicht. Aufgrund der geringen Größe der Strukturdetails wird ein Netzmittel[3] eingesetzt. Nach dem Strippen der Schicht aus Positivlack mit Aceton und Isopropanol wird unter Verwendung der nunmehr strukturierten Chromschicht als Ätzmaske die SiO_x–Schicht mit 12 %-iger HF–Lösung geätzt. Auch in diesem Schritt ist der Einsatz von Netzmittel erforderlich. Die Ätzzeit beträgt 10 min, um Unterätzung zu vermeiden.

Zur Erzeugung der V-förmigen Gräben (Abbildung 4.24, Schritte 10 und 11) wird der so vorbereite Wafer für 0,5 h mit einer KOH–Lösung (300 g KOH–Plätzchen auf 700 ml H_2O) bei einer Temperatur von 65 °C anisotrop geätzt. Beim Ätzen sollte die zu strukturierende Seite nach oben zeigen, da sonst Störungen in der geätzten Struktur auftreten, die durch Gasblasen hervorgerufen werden, die unter dem Substrat festhängen. Die SiO_x–Schicht wird im nächsten Schritt durch Ätzen mit HF entfernt. In Schritt 12 wird 200 nm Gold auf den strukturierten Wafer aufgedampft. Das Gold haftet schlecht auf dem Siliziumsubstrat und dient im weiteren Prozessverlauf als Trennschicht. So kann in Schritt 17 die strukturierte Folie vom strukturierten Wafer abgelöst werden, deren eigentliche Herstellung Gegenstand des folgenden Abschnitts ist.

Herstellung der strukturierten Folie

Ausgangsmaterial zur Herstellung der Folie ist Durimide® 7505[4]. Es besteht aus einem photosensitiven Polyimid-Präkursor, einem Photoinitiator, einem Haftvermittler und einem Lösungsmittel. In geringen Mengen sind Vernetzer, Stabilisatoren und andere Zusätze enthalten [4]. Durimide® ist ein Negativresist, belichtete Bereiche vernetzen. Um die Strukturen im Abformwerkzeug zuverlässig zu befüllen, wird Durimide® zunächst in einer größeren Menge aufgetropft und durch Kippen vollständig auf dem Abformwerkzeug verteilt (Abbildung 4.24 Schritt 12). Überschüssiger Resist

---

[2]TECHNIC France, Saint Denis La Plaine
[3]Pril Bergfrühling, Henkel AG & Co. KGaA, Düsseldorf
[4]FujiFilm Electronic Materials U.S.A., Inc., North Kingstown, RI

wird in einem zweiten Schritt durch Abschleudern entfernt und dabei die Dicke der stabilisierenden Schicht eingestellt (Schritt 14).

Die geforderte Folienkontur wird nach dem Softbake des Resists durch UV–Belichtung unter Verwendung einer Folienmaske (Abbildung 4.25) erzeugt (Schritt 15). Die für die Breitbandbelichtung notwendige Energie von $250\,\mathrm{mJ\,cm^{-2}}$ wurde mit einer kalibrierten Sonde für $\lambda = 405\,\mathrm{nm}$ bestimmt. Die Folienmaske zeigt mit der bedruckten Seite zum Substrat und wird mit einer Quarzglasplatte fixiert.

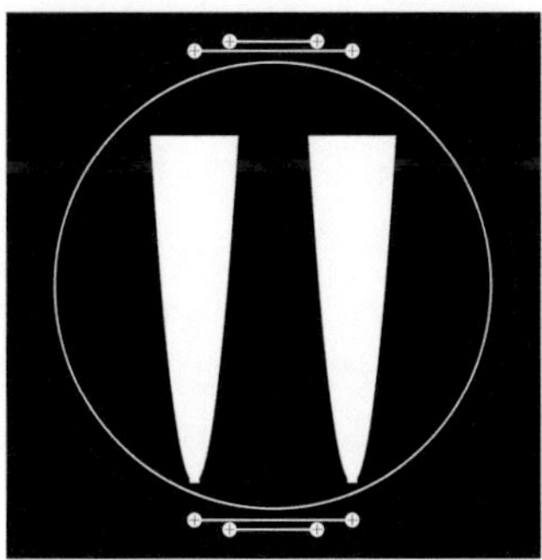

Abb. 4.25: Zeichnung der Folienmaske zur Erzeugung der annähernd parabelförmigen Gestalt der strukturierten Folie, zur Nutzung mit Negativresist; zur Ausrichtung zu den Waferflats sind Justiermarken vorhanden

Die Entwicklung erfolgt durch Sprühentwicklung mit dem Entwickler– und Spülersystem QZ 3501 / QZ 3512[4]. Der Entwickler besteht zu 60 % bis 80 % aus γ–Butyrolacton (Butyro–1,4–lacton; $C_4H_6O_2$) und zu 20 % bis 40 % aus n–Butylacetat (Essigsäure–n–butylester; $C_6H_{12}O_2$). Die Spülflüssigkeit besteht ausschließlich aus n–Butylacetat.

Zum Ausbacken und zur Vernetzung des Polyimid–Präkursors (Schritt 16) wurde ein Vakuumofen mit Möglichkeit zur Spülung mit Stickstoff verwendet. Entgegen der Empfehlung des Herstellers wurde die Imidisierung nicht bei $350\,^\circ\mathrm{C}$, sondern nur bei $330\,^\circ\mathrm{C}$ durchgeführt. Dadurch wurde die Bildung einer intermetallischen Phase aus Gold und Silizium bei $363\,^\circ\mathrm{C}$ vermieden. So wirkt das Gold weiterhin als Trennmittel.

Das Ablösen der strukturierten Polyimidfolie vom Siliziumwafer sowie deren weitere Handhabung ist aufgrund ihrer geringen Dicke ohne weitere Hilfsmittel außerordentlich schwierig. Die Folie neigt beim Ablösen wegen der vielen durch die Strukturierung erzeugten Kerben zur Rissbildung und aufgrund elektrostatischer Aufladung zum Haften an praktisch allem. Zur Stabilisierung der Folie wird deshalb eine thermisch deaktivierbare Klebefolie (REVALPHA® TRT[5]) eingesetzt, welche auf den Verbund aus Wafer, Goldschicht und Polyimidschicht aufgeklebt wird. Die Klebefolie besteht im Wesentlichen aus einer Trägerschicht aus Polyester, auf welcher sich eine thermisch deaktivierbare Schicht befindet. Diese verliert bei einer bestimmten Temperatur, beim verwendeten Typ bei 120 °C, ihre Adhäsionskraft. So kann die strukturierte Folie im weiteren Prozessverlauf durch eine einfache Wärmebehandlung wieder von der Klebefolie getrennt werden. Durch die stabilisierende Wirkung der Klebefolie gelingt das Ablösen der strukturierten Polyimidfolie ohne Beschädigung derselben. Im letzten Schritt (Schritt 18) wird das an der strukturierten Folie anhaftende Gold unter Verwendung einer lugolschen Lösung (Iod–Kaliumiodid–Lösung) entfernt. Das Abformwerkzeug kann nach entsprechender Reinigung wiederverwendet werden. Abbildung 4.26 zeigt drei Ansichten einer nach diesem Schema hergestellten strukturierten Folie.

Aufrollen der Folie

Es gibt verschiedene Wege, eine strukturierte Folie zu einer Rolllinse aufzurollen. Eine Möglichkeit ist, die Folie so auf einen Rundkörper zu kleben, dass die Folie an ihrer spitz zulaufenden Seite am Rundkörper fixiert wird. Wird die Folie dann leicht gespannt, kann durch Drehen des Rundkörpers die Folie aufgewickelt werden. Der Rundkörper soll zugleich dünn, in Längsrichtung wenig dehnbar aber dennoch biegsam sein. Hier eignet sich beispielsweise eine Glasfaser mit einem Durchmesser von 125 µm, wie sie in dieser Arbeit Verwendung fand. Zum Ankleben der Folie an der Glasfaser ist Raum für den Klebstoff vorzusehen, der auch in die Berechnung des Zuschnittes einfließen muss. Für das Ankleben der Folie wird der UV/VIS Klebstoff DYMAX 191-M[6] verwendet. Unter Beachtung des Ablaufschemas wie in Abbildung 4.27 ist es möglich, die Folie selbst in diesen Größenverhältnissen eng um den Glaskörper zu kleben.

---

[5]Nitto Deutschland GmbH, Frankfurt
[6]Dymax GmbH, Frankfurt

Detailansicht der Folie: Die Kanten der prismenartigen Strukturen werden gut in das Polyimid übertragen, die Krümmungsradien betragen wenige 10 nm. Störungen im Abformwafer, erzeugt durch eine Schiefstellung der Ätzmaske zur Kristallrichtung des Wafers werden mit abgeformt und sind im Bild als feine schwarze Linien sichtbar.

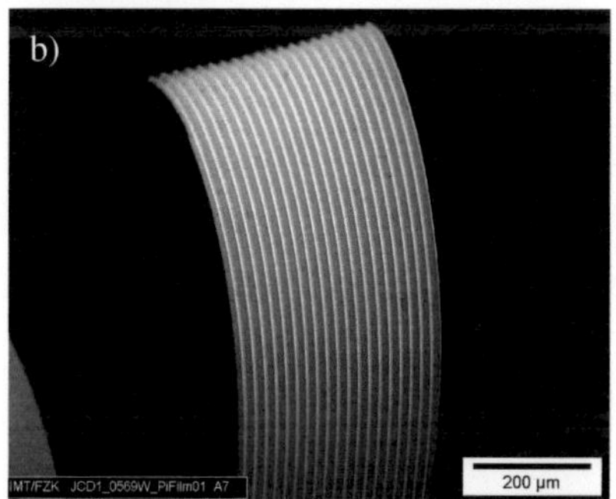

Ansicht einer größeren Fläche: Auch über größere Flächen wird die Struktur des geätzten Wafers gut in das Polyimid übertragen.

Seitenansicht der Folie: Getrennt von der linksseitigen strukturierten Seite der Folie durch eine schwarze Linie, an der die Metallisierungsschicht abriss, ist rechtsseitig die 1,3 µm dicke Deckschicht zu sehen, welche die prismenartigen Strukturen verbindet.

Abb. 4.26: REM-Aufnahmen der strukturierten Folie nach dem Ablösen vom anisotrop geätzten Wafer: a) Detailansicht; b) ein größerer Abschnitt; c) Seitenansicht

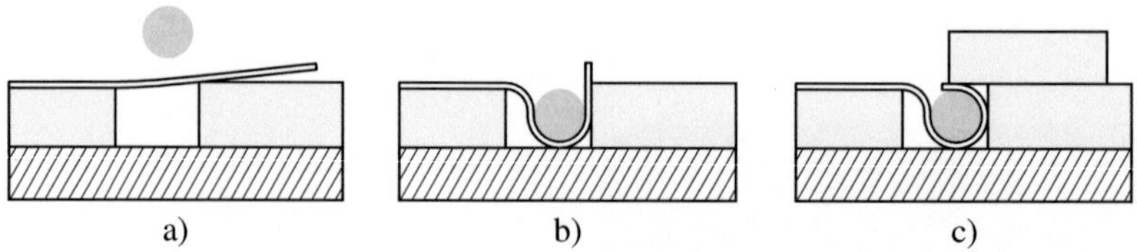

Abb. 4.27: Ablaufschema zum Ankleben der Folie an die Glasfaser

Durch gezieltes Erhitzen auf einer Heizplatte wird ein kleiner Abschnitt – etwa 0,5 mm – der strukturierten Folie von der Trägerfolie abgelöst und der nun nicht mehr an der strukturierten Folie haftende Teil der Trägerfolie abgeschnitten. Dann wird auf eine ebene Fläche ein Klebeband aufgeklebt, dessen Dicke der der Trägerfolie entspricht. Mit Hilfe der ebenfalls klebenden Rückseite der Trägerfolie wird diese so auf die Fläche geklebt, dass eine Art Brücke mit der strukturierten Folie gebildet wird (siehe Abbildung 4.27a). Durch Eindrücken der Brücke mit der Glasfaser legt sich die strukturierte Folie halb um diese herum (siehe Abbildung 4.27b). Die Glasfaser muss nach diesem Schritt nahe der Folie auf der Unterlage mit Klebeband fixiert werden, um die strukturierte Folie unten zu halten. Hierbei ist darauf zu achten, dass die Symmetrieachse der zugeschnittenen Folie senkrecht zur Mittelachse der Glasfaser liegt. Mit einer nicht klebenden, transparenten und ausreichend steifen Folie, zum Beispiel aus Polystyrol, die von der in Abbildung 4.27c rechten Seite her über den Aufbau geschoben wird, lässt sich die strukturierte Folie zu drei Vierteln um die Glasfaser legen. Mit einer geringen Menge des UV–härtenden Klebstoffs, der durch Kapillarkräfte in der Struktur um die Glasfaser herum fließt, wird die strukturierte Folie an der Glasfaser befestigt. Der Klebstoff wird mit einer Kanüle mit 100 μm Durchmesser aufgebracht. Der Klebstoff härtet unter dem Einfluss von ultravioletter Strahlung (UV–Lampe DELO®Lux04[7]) innerhalb von 30 s aus. Bei dieser Prozedur verbleibt meist ein Rest überschüssigen Klebstoffs an der Klebestelle. Dieser stört beim Aufwickeln die Geometrie der Rolllinse, wie in Abbildung 4.28 schematisch gezeigt, jedoch wird der daraus resultierende Effekt mit jeder Umdrehung kleiner.

Abbildung 4.29 zeigt ein Röntgenabsorptionsbild des Kernbereichs einer eng gewickelten Rolllinse. In der Bildmitte ist als dunkler Schatten der Glasfaserkern zu sehen, der

---

[7]DELO Industrie Klebstoffe GmbH & Co. KGaA, Windach

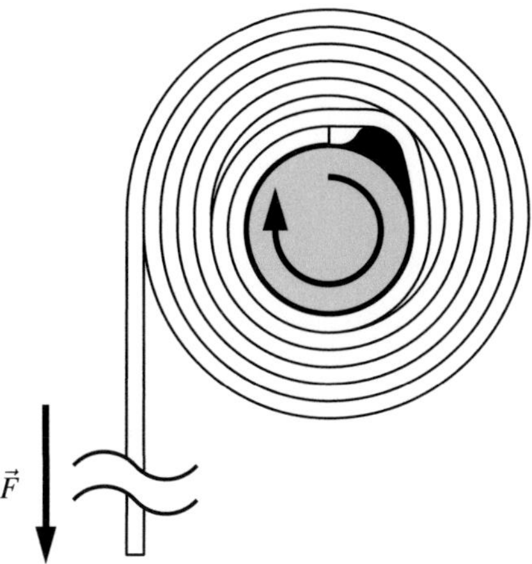

Abb. 4.28: Schematische Darstellung der an die Glasfaser (grau dargestellt) geklebten strukturierten Folie beim Aufwickeln, überflüssiger Klebstoff (schwarz dargestellt) an der Glasfaser stört die Geometrie der Rolllinse

weit aus der Linse heraussteht und wegen seiner Durchbiegung in diesem Bild als Linie erscheint. Um den Kern herum sind Wicklungen der strukturierten Folie sichtbar.

Um die Folie zu wickeln, wird am breiten Ende der zugeschnittenen Folie mit einer Heizplatte wie oben beschrieben ebenfalls ein Abschnitt von etwa 4 mm Länge von der Trägerfolie abgelöst. Mit der Klebeseite nach oben wird ein etwa 5 cm langes Stück 60 µm starkes Klebeband auf Polyimidbasis[8] an die nicht strukturierte Unterseite der strukturierten Folie geklebt. Dieses dient später zur Fixierung der fertigen Rolllinse.

Um das Aufwickeln selbst zu erleichtern, wird eine für das halbautomatische Wickeln der Folie konzipierte Vorrichtung aus Aluminium benutzt, die ein gleichmäßiges Drehen der Glasfaser bei leichter Vorspannung der strukturierten Folie erlaubt. Abbildung 4.30 zeigt die Vorrichtung. Die Vorrichtung besitzt hierzu zwei Einspanneinrichtungen für die Glasfaser, die über Zahnriemen und eine gemeinsame Welle miteinander torsionssteif verbunden sind[9]. Die Einspanneinrichtungen sind mit Kreuzrollenlagern gelagert, die fünf Freiheitsgrade von ihrer Umgebung isolieren. Die gemeinsame Welle ist durch zwei Pendelrollenlager in Fest–Los–Lageranordnung gelagert[10]. Der

---

[8]Goodfellow GmbH, Bad Nauheim

[9]Zahnriemen und Zahnscheiben von Mädler GmbH, Stuttgart

[10]Alle Lager von Schaeffler KG (INA), Herzogenaurach

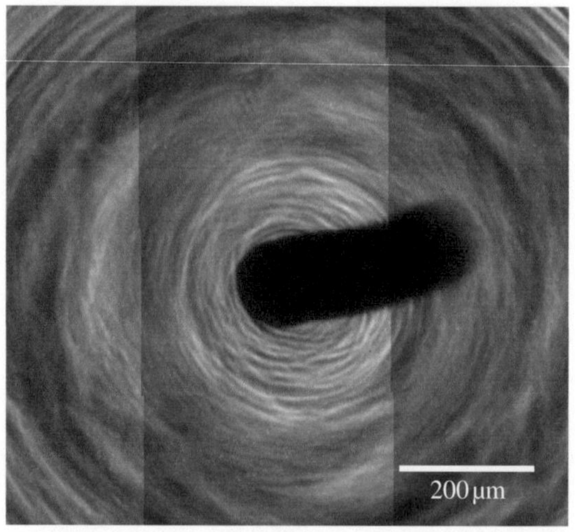

Abb. 4.29: Röntgenabsorptionsbild einer Rolllinse bei 25 keV, die strukturierte Folie ist sehr eng um die dunkel erscheinende Glasfaser in der Bildmitte gewickelt

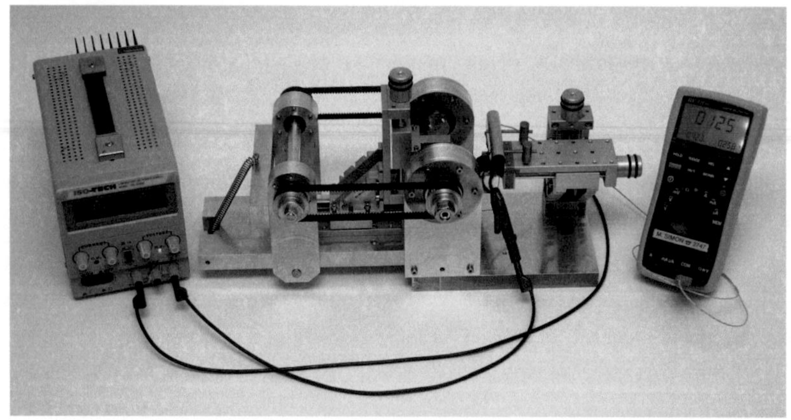

Abb. 4.30: Vorrichtung zum Aufwickeln der an die Glasfaser geklebten strukturierten Folien

Einsatz von Pendelrollenlagern stellt sicher, dass sich die Welle auch bei moderaten Fertigungstoleranzen der Schwingarme, welche die Pendelrollenlager aufnehmen, nicht verklemmt. An der Traverse, welche die Schwingarme miteinander verbindet, ist eine Zugfeder[11] angebracht, welche für die notwendige Vorspannung der Zahnriemen sorgt.

Beim Aufwickeln muss verhindert werden, dass sich die strukturierte Folie wieder entrollt. Hierzu sind zwei Hasberg–Streifen[12] auf Positioniertischen[13] montiert, mit denen die teilweise aufgerollte Folie festgeklemmt wird. Die Positioniertische sind so angeordnet, dass sie die Feinabstimmung der Position der Hasberg–Streifen in zwei Richtungen senkrecht zur Mittelachse der Glasfaser ermöglichen. Durch zwei weitere Positioniertische lässt sich die Position der an die Glasfaser geklebten Folie in ebenfalls zwei Richtungen senkrecht zur Mittelachse der Glasfaser einstellen. Durch Drehen der Welle und damit der Glasfaser wird die strukturierte Folie um die Glasfaser gerollt und damit der noch nicht aufgerollte Teil über den Positioniertisch gezogen. Am zur Glasfaser gerichteten Ende des Positioniertisches ist eine Widerstandsheizung, bestehend aus einem keramikummantelten, geschlitzten Drahtwiderstand[14] (15 Ω, max. 11 W) montiert, der auf eine Temperatur von 125 °C geheizt wird. Die Temperatur wird mit Hilfe eines an ein Multimeter[15] angeschlossenen NiCr–Ni–Fühlers[16] kontrolliert. Der Verbund aus strukturierter Folie und Trägerfolie streicht während des Aufwickelns über diese Heizung und wird an dieser Stelle aufgelöst, wobei die Trägerfolie unterhalb der Hasberg–Streifen weggeführt wird. Zur besseren Wärmeverteilung über den Widerstand wird in den Schlitz ein geeignet gefaltetes und 0,75 mm starkes Kupferblech eingesteckt (Abbildung 4.31). Um die aufzuwickelnde Folie leicht zu spannen und fest auf die Widerstandsheizung zu drücken, wird sie von einer über der Widerstandsheizung montierten Schallplattenputzbürste aus Karbonfasern festgeklemmt. Auf diese Weise wird die Folie beschädigungsfrei und eng um die Glasfaser gewickelt.

Durch das an die breite Seite der strukturierten Folie geklebte Kaptonklebeband, welches am Ende mit aufgewickelt wird, ist die fertige Rolllinse automatisch fixiert. Indem die Glasfaser links und rechts der Rolllinse durchgebrochen wird, wird diese aus

---

[11]Lothar Müller Federn GmbH, Münsingen

[12]Hasberg–Schneider GmbH, Bernau

[13]norelem Normelemente KG, Markgröningen

[14]Weltron Elektronik GmbH, Feuchtwangen

[15]VC98B, ELV Elektronik AG, Leer

[16]FG Type K, T.M. Electronics (UK) LTD, Sussex

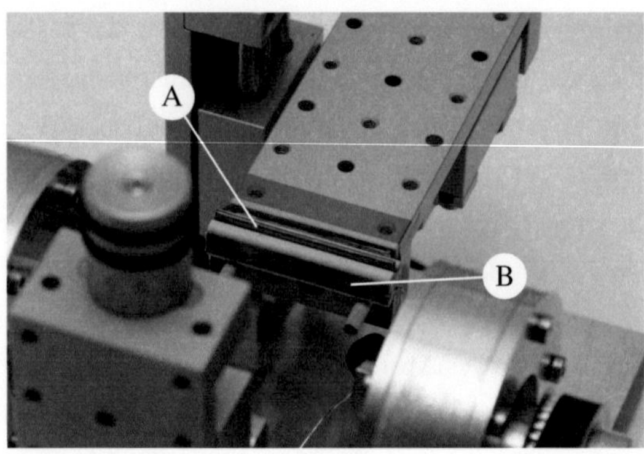

Abb. 4.31: Widerstandsheizung (B) zum Trennen des Verbundes aus strukturierter Folie und thermisch deaktivierbarer Folie; zur homogenen Wärmeverteilung wird ein gefaltetes Kupferblech (A) genutzt; die Schallplattenputzbürste, die den Verbund auf die Heizung presst, wurde für diese Aufnahme abmontiert

der Vorrichtung entnommen. Abbildung 4.32 zeigt das Foto einer auf diese Weise hergestellten Rolllinse.

Durch das beschriebene Herstellungsverfahren der strukturierten Folie ist die maximale Apertur der Rolllinsen von der Größe der verfügbaren strukturierten Siliziumwafer abhängig. Es wurden deshalb Möglichkeiten zum Aufwickeln von Rolllinsen erarbeitet, die zum einen größere Aperturen bei gleicher Wafergröße erlauben, zum anderen haben diese Methoden den Vorteil, dass die strukturierte Folie nicht aufwändig um eine sehr dünne Glasfaser geklebt werden muss. Nachteilig ist, dass die strukturierte Folie dabei ohne Trägerfolie gehandhabt werden muss.

Im Rahmen des ersten Konzeptes wurden zwei gleich zugeschnittene strukturierte Folien an ihren spitz zulaufenden Enden so aneinander geklebt, dass die strukturierten Seiten auf verschiedenen Seiten der Folie liegen, wie in Abbildung 4.33 schematisch dargestellt. Dieses Konstrukt kann in der Mitte zwischen zwei dünne Drähte geklemmt und durch Verdrehen der Drähte umeinander aufgerollt werden. Die Kanten der prismenförmigen Strukturen jedes Abschnitts zeigen in der fertig gerollten Linse zur Linsenmitte und lenken so die Röntgenstrahlung in die korrekte Richtung ab. Dieses Vorgehen erschwert die Berechnung der Folienkontur nicht, da in diesem Fall schlicht mit der doppelten Folienstärke gerechnet werden muss. Um die Folienstärke

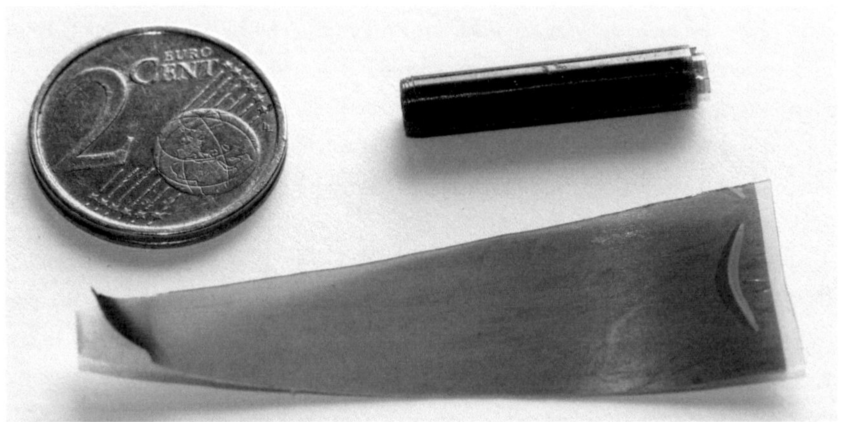

Abb. 4.32: Eine fertige Rolllinse mit einer Länge von etwa 20 mm, der Durchmesser des optisch aktiven Teils beträgt 980 µm; unten im Bild eine zugeschnittene strukturierte Folie zum Wickeln einer Rolllinse

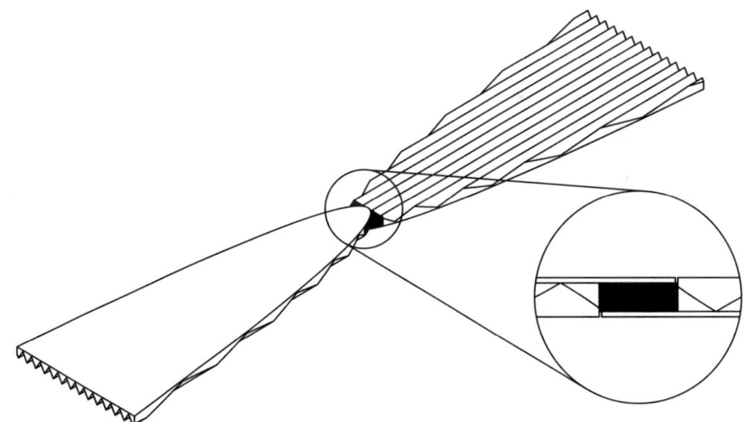

Abb. 4.33: Um eine Rolllinse größeren Durchmessers mit korrekter Geometrie zu erhalten, werden zwei strukturierte Folien so aneinandergeklebt, dass die strukturierten Seiten zueinander gegengerichtet sind; rechts im Bild ist die vergrößerte Seitenansicht der Klebestelle gezeigt

an der Klebestelle nicht zu erhöhen und somit spätere Verzerrungen der Geometrie zu verringern, wird nicht die gesamte Folie strukturiert. Ein kleiner Abschnitt von 0,3 mm an den spitz zulaufenden Enden bleibt unstrukturiert und besteht somit nur aus der dünnen Deckschicht. Zwischen diesen Abschnitten ist Raum für Klebstoff. Für das Verbinden der Folien wird derselbe Klebstoff verwendet, der auch zum Ankleben der Folie an eine Glasfaser zum Einsatz kommt. Dieser ist nach dem Aushärten nicht spröde sondern in etwa so biegsam wie die Folie selbst.

Nach dem Zusammenkleben der beiden Folienteile wird, wie oben beschrieben, an den breiten Enden der nun doppelparabelförmigen Struktur jeweils ein Abschnitt von der Trägerfolie abgelöst und Stücke aus Kaptonklebeband an die nicht strukturierten Seiten der Linsenfolie geklebt. Danach wird die Trägerfolie über einer Heizplatte vollständig abgelöst.

Zum Aufrollen wird die vorbereitete strukturierte Folie zwischen zwei Erodierdrähten aus Wolfram von 30 µm Durchmesser platziert. Wie in Abbildung 4.34 schematisch dargestellt, werden die Wolframdrähte verdrillt, wobei sich die Folie aufrollt. Hierzu wird die schon beschriebene Vorrichtung genutzt, wobei hier die Positioniertische abmontiert sind. Beim Aufwickeln verzwirbeln sich die beiden Drähte zunächst umeinander, und, wenn das Moment an der Stelle wo die Folie eingeklemmt ist entsprechend groß wird, drehen sie die Folie. Um die Folie eng zu wickeln, werden mit selbstklebenden Kaptonfolienstücken an beide Enden der strukturierten Folien Gewichte von je etwa 5 g geklebt, welche das Konstrukt leicht spannen.

Eine weitere Möglichkeit der Herstellung von Rolllinsen größeren Durchmessers ist, zwei Folienteile vor dem Wickeln nicht zusammenzukleben, sondern sie nur aufeinander zu legen. Damit ist gar kein Verkleben notwendig. Zum Aufwickeln werden die beiden Teile wieder zwischen zwei Wolframdrähten eingeklemmt. Die prinzipielle Geometrie einer auf diese Weise gerollten Folie ist in Abbildung 4.35 dargestellt. Vorteil ist hier, dass kein Klebstoff benötigt wird. Nachteilig ist, dass die beiden Folienteile so zwischen die Wolframdrähte geschoben und dort gehalten werden müssen, dass sie sich nicht gegeneinander verschieben.

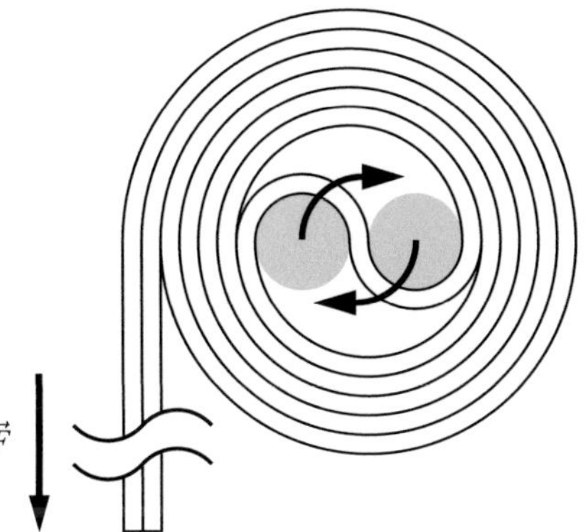

Abb. 4.34: Schematischer Ablauf des Aufwickelns einer doppelparabelförmigen strukturierten Folie zu einer Rolllinse größeren Durchmessers

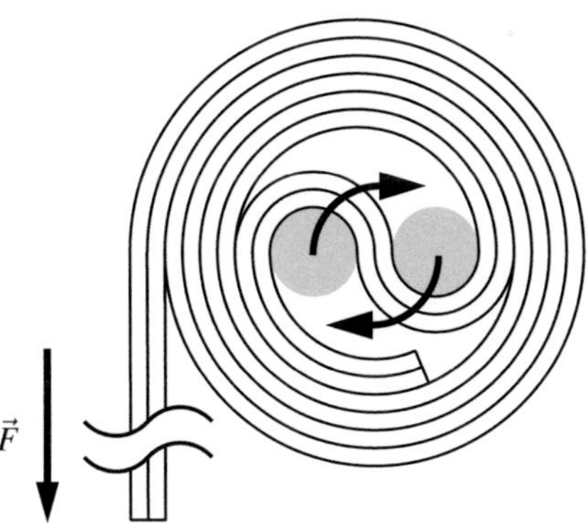

Abb. 4.35: Schematische Geometrie einer Rolllinse, die durch Aufwickeln zweier aufeinandergelegter strukturierter Folien entsteht

5 Ergebnisse der röntgenoptischen Charakterisierung

5.1 Charakterisierung von Prismenlinsen

In diesem Kapitel werden die röntgenoptischen experimentellen Ergebnisse dargelegt, die mit einer Prismenlinse erzielt wurden. Die röntgenoptische Charakterisierung der Prismenlinsen erfolgte durch annähernd parallele Synchrotronstrahlung. Prismenlinsen wurden mit parallel einfallendem Licht bestrahlt und der Fokalfleck nach dem in Abbildung 5.1 dargestellten experimentellen Aufbau untersucht. Die Fokusqualität wurde am Strahlrohr BM5 des ESRF analysiert; dort stand ein Röntgendetektor mit einer Auflösung von $688\,\text{px} \times 520\,\text{px} \times 12\,\text{bit}$ zur Verfügung. Die Ortsauflösung des Detektors betrug $1{,}25\,\frac{\mu m}{px}$. Zur Monochromatisierung des Röntgenlichts wurde ein Silizium–Doppelkristallmonochromator mit einer Energieauflösung von $\Delta E/E < 10^{-4}$ verwendet.

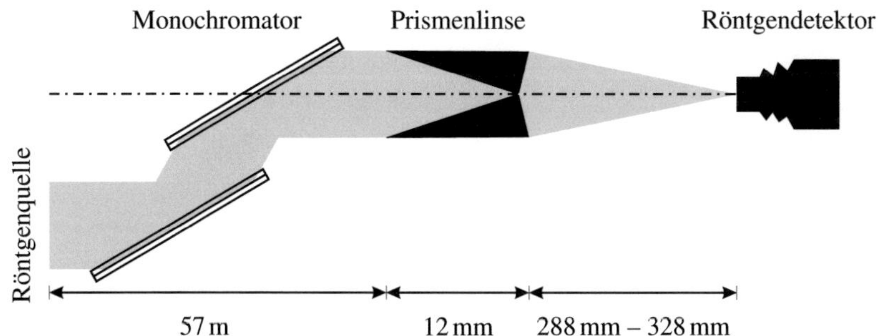

Abb. 5.1: Schema des experimentellen Aufbaus zur Untersuchung der Fokusqualität der Prismenlinsen aus PMMA am ESRF

5.1.1 Fokusqualität

Für die Charakterisierung wurde eine Prismenlinse vom Typ A aus Layout 1077–00–A0 (siehe Abbildung 4.14) aus PMMA verwendet. Abbildung 5.2 zeigt ein Bild in der Fokusebene der Prismenlinse, die mit einer Photonenenergie von 9 keV nach dem in Abbildung 5.1 gezeigten Schema beleuchtet wurde. Klar erkennbar ist eine

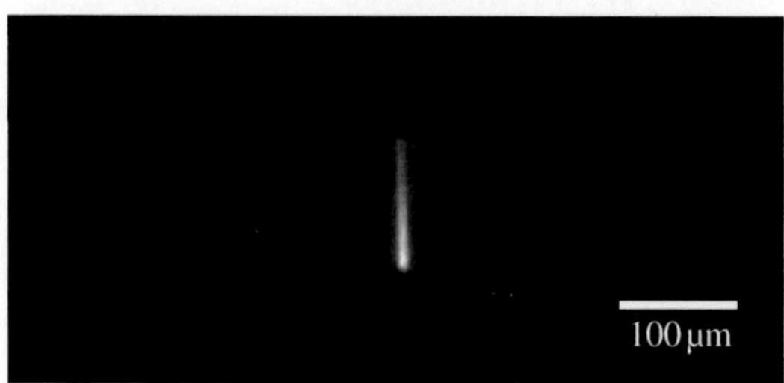

Abb. 5.2: Aufnahme der Fokusebene der Prismenlinse am BM05–Strahlrohr am ESRF bei 9 keV; die klar erkennbare Fokallinie ist im unteren Teil deutlich heller und schärfer als im oberen Teil

deutliche Fokallinie in der Bildmitte. Allerdings unterscheidet sich die Intensität der Fokuslinie nahe dem Substrat, wo die Prismenstrukturen mit der PMMA–Platte verbunden sind, und nahe der Oberfläche, wo die Prismenstrukturen frei stehen. Der Intensitätsunterschied ergibt sich daraus, dass nahe dem Substrat die gewünschte Geometrie erhalten bleibt, während im Bereich der Oberfläche durch die Wirkung der Kapillarkräfte während der Trocknung nach der Entwicklung die Strukturen zusammenkleben und damit die Fokussierung der Linsen nicht vollständig zum Tragen kommt (siehe Abbildung 4.17). 10 µm oberhalb des Substrates, wo die Intensität im Fokus am größten ist, liegt die Halbwertsbreite der Intensität im Fokus bei 8 µm (Abbildung 5.3).

Die Halbwertsbreite des Fokus der von den Prismenstrukturen nahe des Substrates erzeugt wird, entspricht damit etwa der optisch aktiven Querschnittsfläche der Prismen, die bei einer Verrundung der Prismenkanten von 1 µm verbleibt. Im Mittel liegt die Intensität innerhalb der Halbwertsbreite des Fokus – gemessen über den hellsten Punkt

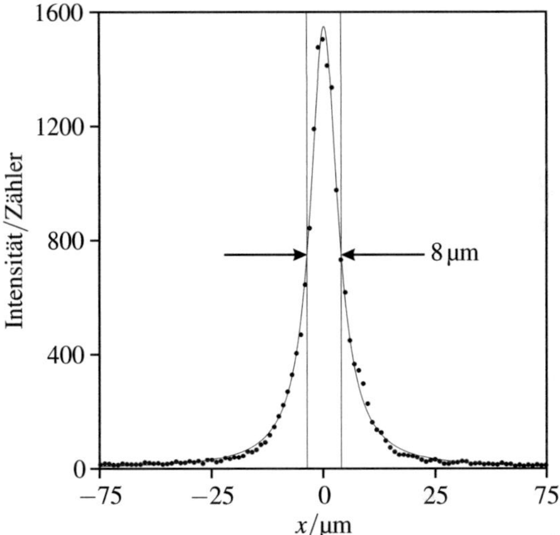

Abb. 5.3: Halbwertsbreite (HWB) des Fokus einer Prismenlinse; x ist eine Koordinate parallel zum Substrat und senkrecht zur optischen Achse im Abstand von 320 mm zur Linse, das Intensitätsprofil wurde über den hellsten Punkt der Aufnahme gebildet; die Messwerte sind durch Punkte dargestellt, die durchgezogene Kurve ist eine an die Messwerte angepasste Lorentzfunktion

der Aufnahme – bei 1250 Zählern. Die Intensität in der Fokusebene ohne Linse beträgt 59 Zählern bei einem elektronischen Detektorrauschen von 1,5 Zählern.

Um den Fokus entlang der optischen Achse zu untersuchen, wurden in einem Abstand zur Linse von 288 mm bis 328 mm millimeterweise Bilder aufgenommen. Aus diesen Aufnahmen wurden zwei Bilder zur Darstellung der Intensitätsverteilung entlang der optischen Achse und parallel zum Substrat zusammengesetzt, eine in der Ebene 10 µm oberhalb des Substrates der Linse (Abbildung 5.4b), und eine in der Ebene 10 µm unterhalb der Oberfläche der Linse (Abbildung 5.4a). Die Intensitätsverteilung in Abbildung 5.4a entspricht gut der in Kapitel 4.2 beschriebenen Simulation in Abbildung 4.12, ein klarer Fokus ist deutlich erkennbar. Nahe der Oberfläche der Linse (Abbildung 5.4b) ist die Intensitätsverteilung verwaschen und kein klar abgegrenzter Fokus zu erkennen. Dies resultiert aus dem Zusammenkleben der Prismen.

5.1.2 Transmission

Die theoretische optische Effizienz $\eta_{\text{XPL, theor}}$ der Prismenlinse aus PMMA vom Typ A, welche sich aus der Transmission einer idealen Linse unter Einbezug der herstellungsbedingten Kantenverrundung ergibt, beträgt nach Gleichung 4.5 $\eta_{\text{XPL}} = 42\,\%$. Damit ergibt sich die theoretische spektrale Intensitätserhöhung nach Gleichung 4.6 zu $K_{\text{XPL, theor}} = 65{,}2$. Die experimentelle spektrale Intensitätserhöhung der Linse $K_{\text{XPL, exp}}$ beträgt

$$K_{\text{XPL, exp}} = \frac{I_{\text{HWB}} - I_{\text{R}}}{I_{\text{H,HWB}} - I_{\text{R}}} \approx 21,5 \qquad [5.1]$$

mit der mittleren Intensität innerhalb der Halbwertsbreite des Fokus I_{HWB}, der mittleren Hintergrundintensität ohne Linse innerhalb der Halbwertsbreite des Fokus $I_{\text{H,HWB}}$ und der mittleren Intensität des elektronischen Rauschens I_{R}. Experimenteller und theoretischer Wert unterscheiden sich um den Faktor 3.

Das Integral von $x = -\infty$ bis $x = \infty$ über die den gemessenen Intensitätswerten angepasste Lorentzfunktion ergibt die Gesamtintensität des Lichts, welches die Linse passiert hat. Die Gesamtintensität ist doppelt so groß wie die mittlere im Fokus detektierte Intensität. Damit ist die Hälfte des Lichtes durch Streu– und Beugungseffekte an der Linse nicht in den Fokus gelangt.

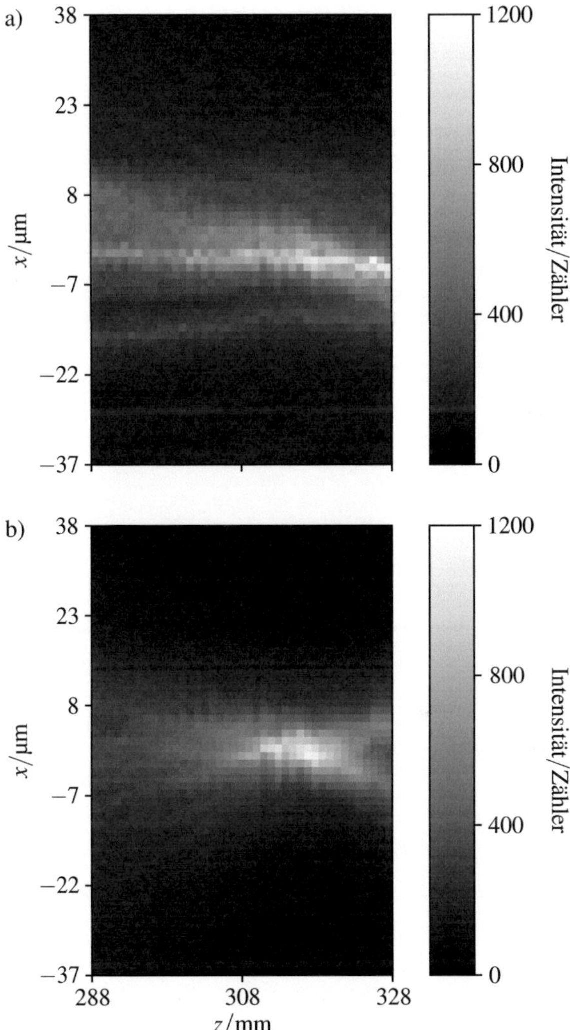

Abb. 5.4: Intensitätsverteilung entlang der optischen Achse z und parallel zum Substrat, 10 µm unterhalb der Oberfläche der Linse (a) und 10 µm oberhalb des Substrates der Linse (b); oberhalb des Substrats ist ein deutlich abgegrenzter Fokus zu erkennen, während unterhalb der Oberfläche dies nicht der Fall ist

5.2 Charakterisierung von Rolllinsen

In diesem Kapitel werden die röntgenoptischen experimentellen Ergebnisse dargelegt, die mit Rolllinsen erzielt wurden. Die Experimente zur Charakterisierung und zum Test von Röntgenrolllinsen wurden an der Ångströmquelle Karlsruhe (ANKA), am Strahlrohr FLUO bei einer Photonenenergie von 16 keV durchgeführt. Die Distanz von der Quelle zur ersten Linsenkante beträgt hier 12 m, die Strahlgeometrie wird vom Multischichtmonochromator nicht verändert. Der CCD–basierte Röntgendetektor ist in einem Abstand von 35 cm zur Kante der Linse aufgebaut, der dem für die verwendete Rolllinse berechneten Arbeitsabstand entspricht. Der experimentelle Aufbau ist in Abbildung 5.5 dargestellt. Der Kamerateil[1] des Detektors liefert Graustufenbilder mit $696\,\text{px} \times 512\,\text{px} \times 12\,\text{bit}$ Auflösung. Mit diesem Röntgendetektor wird eine Ortsauflösung von etwa 2,3 µm erreicht, was zur Untersuchung der Linsen ausreicht. Zur Charakterisierung der Linse wird die optische Effizienz herangezogen, die

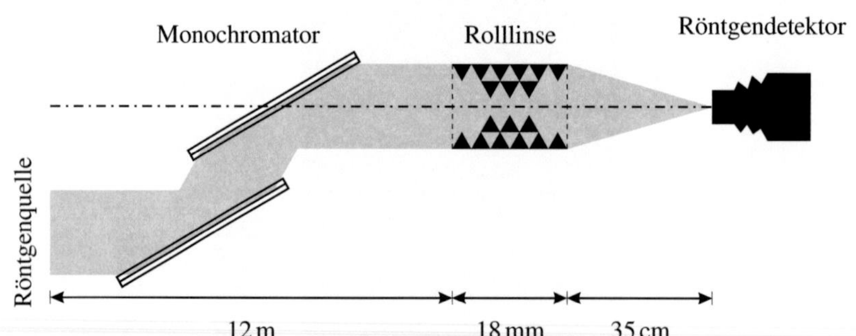

Abb. 5.5: Schema des experimentellen Aufbaus zur Untersuchung der Fokusqualität von Rolllinsen

eine Beziehung zwischen dem in die Linse einfallenden und dem in den Fokus gelenkten Licht unter Berücksichtigung von Absorption und Geometrie herstellt, wie in Unterkapitel 4.3.1 erläutert.

Um zu untersuchen, welche Teilfläche der Linsenapertur welchen Beitrag zur Gesamtintensität im Fokus leistet, wurde ein weiteres Experiment aufgebaut. Abbildung 5.6 zeigt

---

[1] PCO PixelFly, PCO AG, Kelheim

den Aufbau des Experimentes schematisch. Eine verfahrbare Blende deckt bis auf einen kleinen quadratischen Bereich von $50\,\mu m \times 50\,\mu m$ die gesamte Linse ab. Mit dieser Blende wird die gesamte Linse mäanderförmig abgerastert, wobei nach jedem Verfahrschritt ein Bild der Fokusebene aufgenommen wird. Die Summe über alle so aufgenommenen

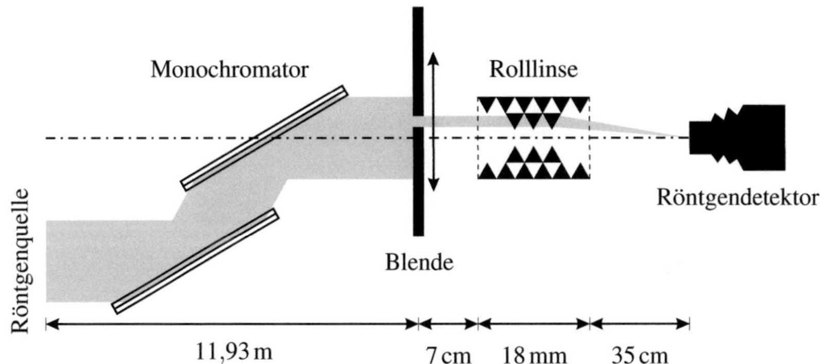

Abb. 5.6: Schema des experimentellen Aufbaus zur Untersuchung der ortsaufgelösten Transmission von Rolllinsen

Bilder ergibt hierbei das Bild in der Fokusebene, wie es ohne die Blende aufgenommen würde. Für eine ideale Rolllinse sollte in jeder Aufnahme ein Fokalfleck zu sehen sein, wobei seine Helligkeit nur vom Abstand des Lochs in der Blende zur optischen Achse abhängt.

5.2.1 Fokusqualität

Für die Charakterisierung wurde eine Rolllinse mit einem Glasfaserkern mit einer Apertur von $980\,\mu m$ verwendet. Abbildung 5.7 zeigt ein Bild in der Fokusebene der Rolllinse, die mit quasiparalleler Synchrotronstrahlung beleuchtet wurde. Es ist deutlich ein heller elliptischer Fleck zu sehen. Der hellste Punkt in diesem Fleck auf der Detektorfläche (I_{max}) liegt bei 3356 Zählern bei zwei im zeitlichen Abstand von weniger als einer Minute erhaltenen Aufnahmen mit gleicher Integrationszeit von $0,5\,s$. Ohne Linse liegt die mittlere Intensität des Hintergrundes I_H bei 245 Zählern. Das elektrische Rauschen des Detektors I_R liegt bei 47 Zählern. Da die Quellgeometrie

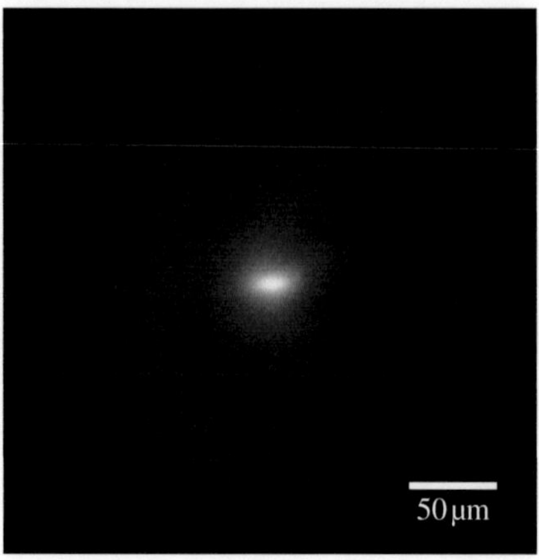

Abb. 5.7: Aufnahme der Fokusebene der Rolllinse am FLUO-Strahlrohr an ANKA

an einer Synchrotronstrahlungsquelle nicht kreisförmig ist, ist auch der Fokus nicht kreisförmig. Die Halbwertsbreiten (Abbildung 5.8) im Fokus betragen in vertikaler Richtung 18 µm und in horizontaler Richtung 31 µm. Die Halbwertsbreite ist damit größer als der erwartete Wert, welcher etwa der Prismenhöhe der verwendeten Linse entspricht. Dies wird durch die nicht perfekte Geometrie der Rolllinse erklärt. Fehler in der Linsengeometrie können im Wesentlichen durch drei Effekte beschrieben werden:

Formfehler der Folienkontur: Wie in Kapitel 4.3.2 beschrieben, entspricht die Folienkontur nicht der Idealgeometrie. Dies äußert sich in einer nicht korrekten Anzahl von Prismen auf einem bestimmten Radius der Linse. Die Folie konnte mit einer Genauigkeit von etwa 100 µm an jeder Seite hergestellt werden. In der äußersten Reihe ergibt sich daraus eine Abweichung von maximal 200 µm. Die Anzahl der auf der Folie vorhandenen Prismen weicht danach um bis zu $\Delta_{\text{Prismen}} = 200\,\mu\text{m}/\Gamma_{\text{P}} = 10$ von der geforderten Anzahl an Prismen ab.

Fehler in Zusammenhang mit dem Kern: Der Glasfaserkern benötigt Raum in der Linse, weshalb ein Stück der strukturierten Folie von ihrer spitzen Seite her abgeschnitten wird. Aufgrund des geringen Durchmessers des Glasfaserkerns ist es schwierig, die strukturierte und zugeschnittene Folie genau an den Kern anzukleben. Wird zu viel Klebstoff verwendet, entsteht ein Klumpen, dessen

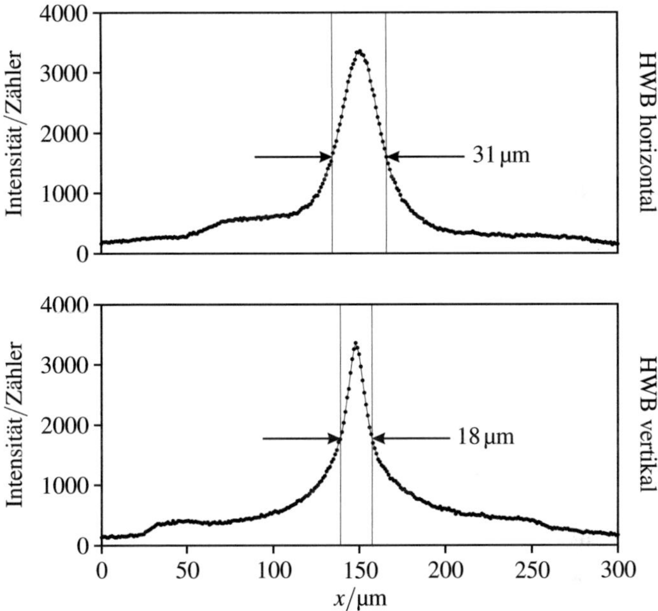

Abb. 5.8: Halbwertsbreiten (HWB) des Fokus in horizontaler und vertikaler Richtung; x ist eine Koordinate parallel zum Substrat und senkrecht zur optischen Achse; die Intensitätsprofile wurden über den hellsten Bereich der Aufnahme gebildet

Größe nicht vorhersagbar ist. Diese Fehler beim Ankleben der strukturierten Folie an den Kern resultieren in einer veränderten Anzahl an Prismen auf einem bestimmten Radius der Linse.

Fehler beim Wickeln: Beim Wickeln können Verwerfungen der Folie und Knicke auftreten. Liegt die strukturierte Folie nicht senkrecht zur Glasfaser, wird die Linse ganz oder teilweise schief gewickelt. Eine Reihe strukturierter Prismen ist etwa 10 µm hoch und die ganze Linse ist im betrachteten Fall 17 mm lang. Schon bei einer Abweichung von 0,6 mrad werden danach nicht mehr alle Prismen in einer Reihe in den äußeren Wicklungen der Linse durchstrahlt und das Licht nicht mehr in den Fokus gelenkt. Winkelfehler in der Linsenrolle haben damit die größten Auswirkungen auf die Fokusqualität. Abbildung 5.9 zeigt einen kleinen Ausschnitt aus einem Röntgenabsorptionsbild, in welchem die Linse senkrecht zur optischen Achse durchstrahlt wurde. Besonders deutlich sind nicht gewollte Ausbeulungen der strukturierten Folie in den weiß markierten Bereichen zu sehen.

5.2.2 Transmission

Die Halbwertsfläche, die durch den Abfall der Intensität auf der Detektorfläche auf 50 % des Maximalwerts begrenzt wird, ist annähernd ellipsenförmig. Sie beträgt $A_{\mathrm{HWF}} = \pi ab \approx 438\,\mu\mathrm{m}^2$, mit $a = 18\,\mu\mathrm{m}$ der kleinen und $b = 31\,\mu\mathrm{m}$ der großen Halbachse der Ellipse. Die Halbwertsfläche hat eine mittlere Intensität I_{HWF} von 1814 Zählern. Aus diesen Daten ergibt sich die spektrale Intensitätserhöhung K_{RXPL} zu:

$$K_{\mathrm{RXPL}} = \frac{I_{\mathrm{HWF}} - I_{\mathrm{R}}}{I_{\mathrm{H,HWF}} - I_{\mathrm{R}}} \approx 9{,}16 \qquad [5.2]$$

Mit der mittleren Hintergrundintensität innerhalb der Halbwertsfläche des Fokus ohne Linse $I_{\mathrm{H,HWF}}$. In diesem Experiment beträgt der äußere Durchmesser der Linse $d_{\mathrm{a}} = 980\,\mu\mathrm{m}$. Der innere Durchmesser beträgt $d_{\mathrm{i}} = 200\,\mu\mathrm{m}$. Die Dicke der strukturierten Schicht der Folie, aus der die Linse entstand beträgt $d_{\mathrm{s}} = 9{,}1\,\mu\mathrm{m}$, die Deckschicht, welche die Prismenstrukturen verbindet und nicht zur Fokussierung beiträgt, ist $d_{\mathrm{u}} = 1{,}3\,\mu\mathrm{m}$ stark. Damit ist die optisch aktive Fläche

$$A_{\mathrm{akt}} = \frac{\pi}{4}\left(d_{\mathrm{a}}^2 - d_{\mathrm{i}}^2\right)\frac{d_{\mathrm{s}}}{d_{\mathrm{s}} + d_{\mathrm{u}}} \approx 632\,520\,\mu\mathrm{m}^2 \qquad [5.3]$$

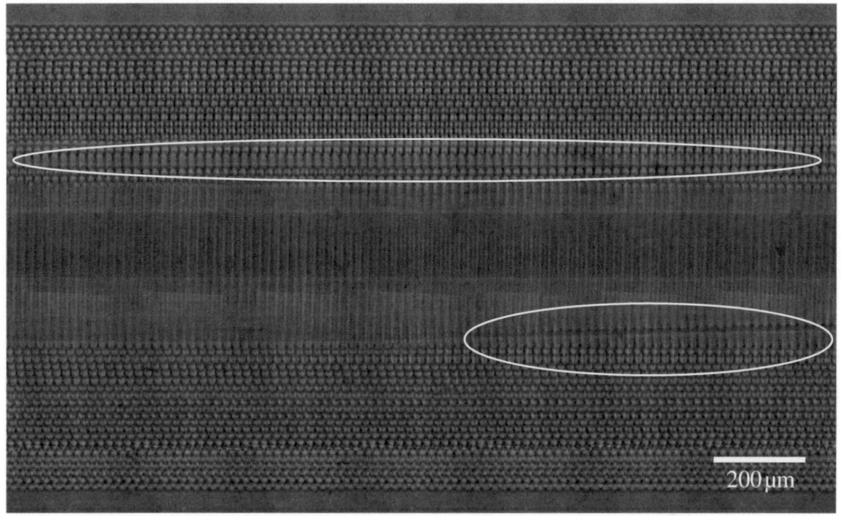

Abb. 5.9: Röntgenabsorptionsbild der Linse senkrecht zur optischen Achse; in der Bildmitte ist der Glasfaserkern zu sehen, im unteren und oberen Drittel des Bildes die gerollte, strukturierte Folie; weiß markiert sind Bereiche, in denen ungewollt Leerräume zwischen den Lagen der strukturierten Folie entstanden

Unter Berücksichtigung des Verlustes durch die nicht strahlfolgende Geometrie der Linse nach Gleichung 4.14 ergibt sich für diese Linse eine theoretische optische Effizienz von $\eta_{\text{RXPL,theor}} = 37\,\%$. Nach Gleichung 4.15 ist die theoretisch mögliche spektrale Intensitätserhöhung $K_{\text{RXPL,theor}} \approx 534$. Theoretischer und experimenteller Wert unterscheiden sich somit um den Faktor 58.

Um die Ursache dieser Diskrepanz zu ergründen, wurde mit dem experimentellen Aufbau nach Abbildung 5.6 untersucht, welche Teilfläche der Linsenapertur wie viel zur Helligkeit im Fokus beiträgt. Dabei wurde die Apertur der Rolllinse mit einem Strahl abgerastert, der auf einen Querschnitt von $50\,\mu\text{m} \times 50\,\mu\text{m}$ abgeblendet war. In jeder Rasterposition wurde die Intensitätsverteilung in der Fokalebene aufgenommen. Bei einer idealen Linse würden die Aufnahmen in jeder Rasterposition einen Fokalfleck zeigen, der entsprechend dunkler als der Fokalfleck bei nicht abgeblendeter Apertur ist. Tatsächlich zeigt sich, das auf dem größten Teil der Aufnahmen längliche Streifen zu sehen sind (siehe Abbildung 5.10), die über den Fokalfleck hinausgehen. In der Mitte des Bildes ist in weiß die Halbwertsfläche des Fokus (siehe Abbildung 5.7) dieser Linse dargestellt. Der Streifen schneidet diese Fläche, jedoch liegt der hellste Bereich des Streifens nicht innerhalb der Fläche. Das bedeutet, dass im durch die Aperturblende begrenzten Bereich der Linse nicht die korrekte Anzahl von Prismenstrukturen von der Strahlung durchlaufen wurde. Dies bestätigt die Annahme, dass die Prismenreihen nicht parallel zur optischen Achse liegen. Damit verlassen die einfallenden Lichtstrahlen häufig die Prismenreihen vor Durchlaufen aller Prismen in einer Reihe und die Lichtstrahlen werden nicht um den vorgesehenen Winkel abgelenkt.

Die untersuchte Rolllinse hat nahe ihres Zentrums einen Bereich, in dem aufgrund von einem Wickelfehler gar keine strukturierte Folie vorhanden ist. Aufnahmen, bei denen die Blende diesen Bereich beleuchtet hat, zeigen schlicht die Blende selbst (siehe Abbildung 5.11). Die Intensität innerhalb des Abbildes der Blende ist hoch, jedoch wird aus dieser Teilfläche der Apertur überhaupt kein Röntgenlicht in den Fokus gelenkt. Die Halbwertsfläche des Fokus, wieder in weiß dargestellt, liegt im Dunkeln.

Die Aufnahmen, die aus jeder der 900 Rasterpositionen der Blende entstanden, wurden verkleinert und entsprechend der jeweiligen Rasterposition der Aperturblende zu einem Gesamtbild montiert, welches in Abbildung 5.12 dargestellt ist. Die länglichen Streifen der Einzelaufnahmen weisen zum Mittelpunkt der Montage. Daraus lässt sich ableiten, dass die Linse annähernd kreisförmig ist. Im dunklen Bereich nahe der Mitte dieser

Abb. 5.10: Röntgenaufnahme in der Fokalebene der Rolllinse, die durch eine Blendenöffnung von 50 μm×50 μm in einer Position außerhalb des Linsenzentrums beleuchtet wurde; in weiß ist die Halbwertsfläche der Intensität des nicht abgeblendeten Fokus eingezeichnet

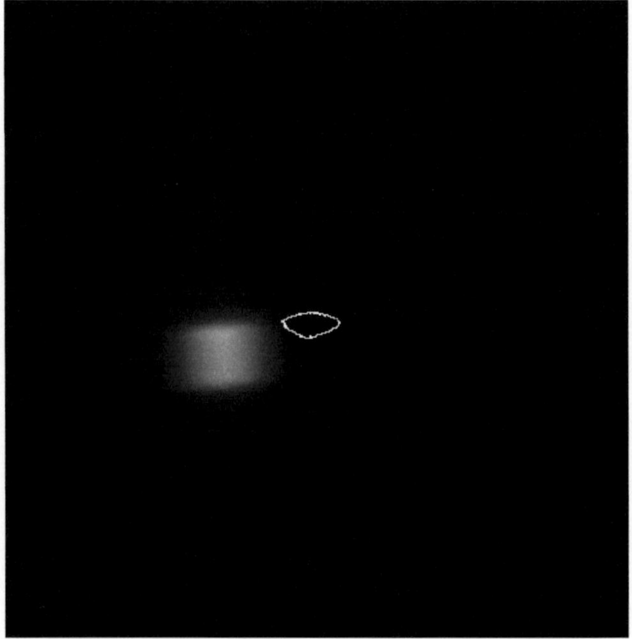

Abb. 5.11: Röntgenaufnahme in der Fokalebene der Rolllinse, die durch eine vor der Linse angebrachten Blendenöffnung von $50\,\mu\text{m}\times50\,\mu\text{m}$ in einer Position außerhalb des Linsenzentrums beleuchtet wurde, in der aufgrund eines Wickelfehlers gar keine strukturierte Folie vorhanden war; in weiß ist die Halbwertsfläche der Intensität des nicht abgeblendeten Fokus eingezeichnet

Aufnahme verdeckt der leicht gebogene Glasfaserkern einen Teil der Linse, die Einzelaufnahmen zeigen dort also nichts. Wird für alle Einzelbilder der Mittelwert der Intensität innerhalb der Halbwertsfläche gebildet und dieser jeweils einem Pixel zugewiesen, lässt sich feststellen, von welcher Teilfläche der Linse wie viel Licht anteilig in den Fokus gelenkt wurde, wie in Abbildung 5.13 dargestellt. Es ist zu beachten, dass die hellsten Pixel in Abbildung 5.13 nicht notwendigerweise den am hellsten erscheinenden Details in Abbildung 5.12 entsprechen. Als Beispiel sei hiermit nochmals auf Abbildung 5.11 verwiesen, die sehr helle Details aufweist welche aber nicht innerhalb der Halbwertsfläche des Fokus der nicht abgeblendeten Linse liegen und somit keinen Beitrag zur Intensität im Fokus leisten. Die Intensitätsbeiträge sind asymmetrisch über die Linsenapertur verteilt, dies lässt sich auf die nicht sehr hohe Wickelqualität zurückführen. Auch in Abbildung 5.13 ist in der Mitte der Aufnahme ein dunkler Bereich zu sehen. Zum einen wird die Linse hier von dem Glasfaserkern teilweise verdeckt, zum anderen hat die Linse auf einer Seite des Wickelkerns einen Spalt, in der gar keine Prismenfolie vorhanden ist. Im Bereich des Lochs wird kein Licht in den Fokus gelenkt, weshalb dieser Bereich in Abbildung 5.13 ebenfalls dunkel erscheint. In Abbildung 5.12 ist dies nicht zu sehen, da dort nicht nur der Bildanteil innerhalb der Halbwertsfläche des Fokus eingeht.

Diese Analyse zeigt, dass im Falle der röntgenoptisch charakterisierten Linse nur ein Bruchteil der eingestrahlten Intensität in den Fokus konzentriert wird. Insofern ist die große Diskrepanz zwischen experimentellem und theoretischem Wert verständlich. Da die Ursache im Wesentlichen durch die schlechte Wickelqualität dieser ersten Linse erklärt werden kann, ist davon auszugehen, dass bereits eine leicht besser gewickelte Linse deutlich höhere experimentelle Werte aufweisen wird.

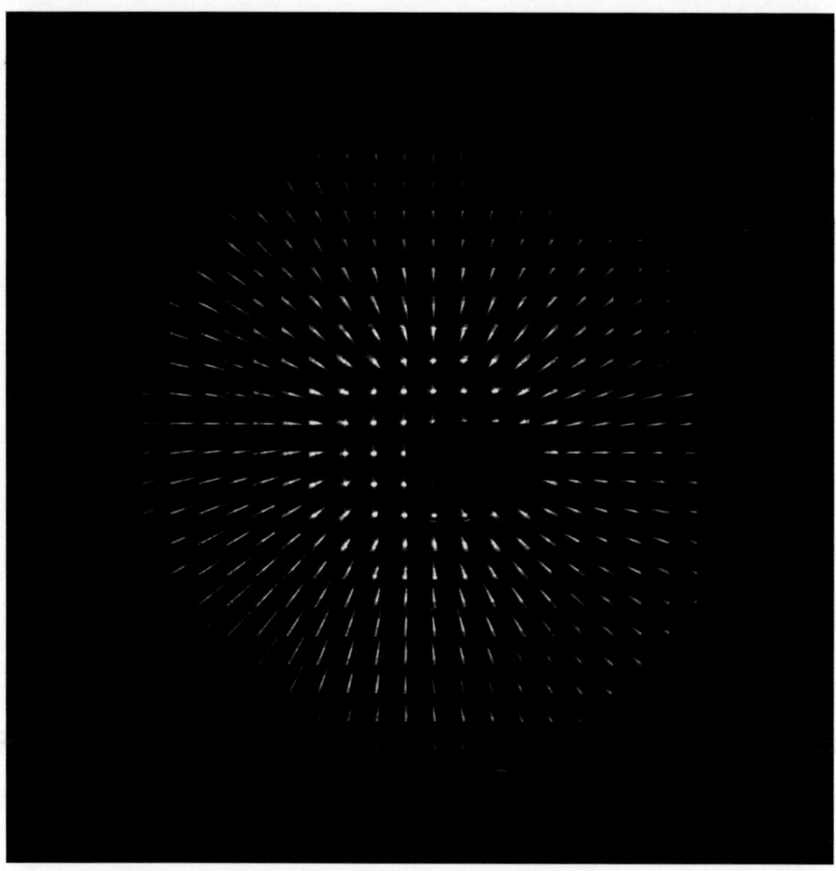

Abb. 5.12: Montage aus 900 Aufnahmen, die durch mäanderförmiges Verschieben einer vor der Linse angebrachten Blendenöffnung von $50\,\mu m \times 50\,\mu m$ vor der Linse in der Fokalebene aufgenommen wurden

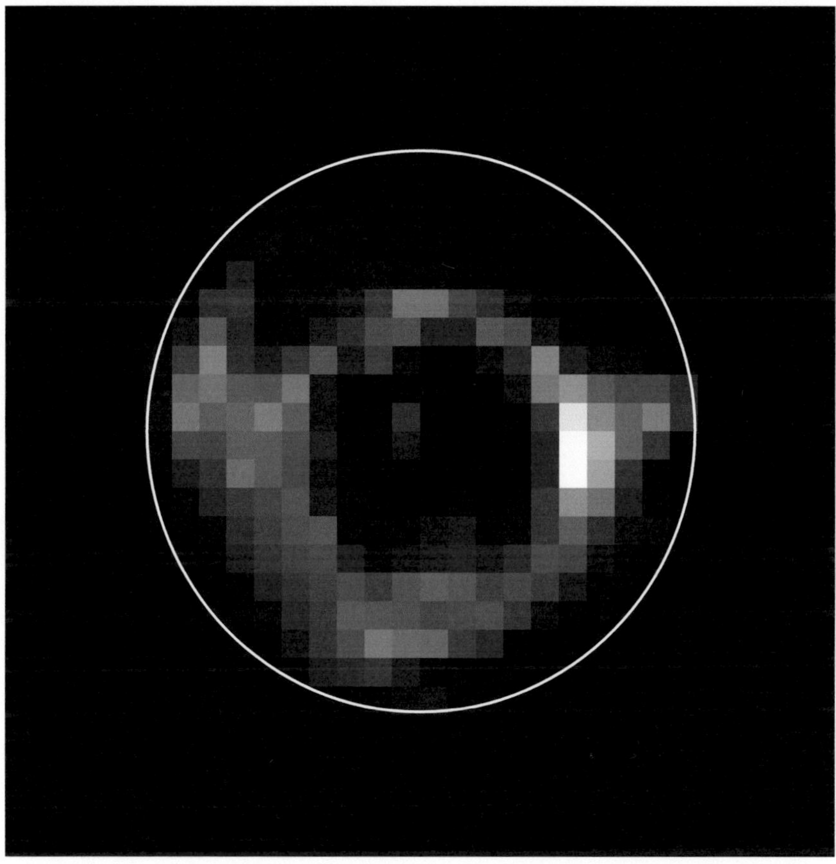

Abb. 5.13: Aus experimentellen Daten berechnete Darstellung der Intensitätsanteile, die von der jeweiligen Teilapertur aus in den Fokus gelangen; der weiße Ring stellt die Gesamtapertur der Linse von 980 µm dar

6 Zusammenfassung und Ausblick

Fokussierende Röntgenoptiken werden mit zunehmender Verfügbarkeit brillanter Strahlungsquellen immer häufiger eingesetzt. Die Anwendungen reichen von der Mikrotomographie bis zur ortsauflösenden Röntgenspektroskopie.

Refraktive Röntgenlinsen sind gegenüber anderen nicht brechenden röntgenoptischen Systemen besonders dadurch im Vorteil, dass sie bei höheren Photonenenergien nicht wesentlich an Effizienz einbüßen. Die Herstellung von brechenden Röntgenlinsen stellt allerdings eine technische Herausforderung dar, da sich die Brechzahl von Röntgenlinsen nur geringfügig von eins unterscheidet. Erst eine Anordnung aus bis zu Hundert hintereinander stehenden parabolischen Einzellinsen mit kleinen Krümmungsradien im Mikrometerbereich ermöglicht praktische Brennweiten im Zentimeterbereich.

Da die Brechzahl aller Materialien für Röntgenstrahlung kleiner als eins ist, müssen bündelnde Röntgenlinsen konkave Oberflächen aufweisen. Die von der Strahlung zu durchdringende Materialdicke nimmt daher mit größerer Apertur zu. Die größte sinnvolle Apertur wird somit bei refraktiven Röntgenlinsen durch die Absorption der Strahlung im Linsenmaterial fern der optischen Achse definiert. Röntgenlinsen mit großen Aperturen bei geringer Absorption ermöglichen einen großen Photonenfluss und damit eine Verkürzung der Messzeit beziehungsweise eine Erhöhung des Signal–Rausch–Verhältnisses in Experimenten mit Röntgenstrahlung.

In dieser Arbeit wurden Röntgenlinsen mit großer Apertur bei zugleich hoher Transparenz entwickelt, die als Kollimatorlinsen zur Beleuchtung von Proben in röntgenanalytischen Aufbauten zur Anwendung kommen. Dabei wurden zwei Ansätze umgesetzt und erfolgreich getestet: Prismenlinsen – *X–ray Prism Lenses (XPL)* – und Rolllinsen –*Rolled X–ray Prism Lenses (RXPL)*. Charakteristisch für beide Ansätze ist eine große brechende Gesamtoberfläche im Vergleich zu einem geringen absorbierenden Volumen. Dies wurde durch eine geeignete räumliche Anordnung einer großen Anzahl von gleichartigen brechenden Kunststoffmikrostrukturen mit prismatischem Querschnitt erreicht, was eine konsequente Weiterentwicklung der bekannten fresnelschen Stufenlinsen darstellt. Röntgenlinsen für Photonenenergien über 8 keV mit Aperturen von über einem Millimeter bei einer Transparenz um 40 % wurden auf dieser Basis realisiert. Die geringe Kantenlänge der Mikroprismen im Bereich von 10 µm ist dabei entscheidend für die Realisierung der großen Transparenz der Röntgenoptik. Durch die hohe erreichte Transparenz ist der Einsatz dieser Linsen nicht nur auf Anwendungen mit Synchrotronstrahlung mit ihrer hohen Brillanz begrenzt, sondern sie können auch zur Bündelung der wenig intensiven und stark divergenten Strahlung aus Röntgenröhren sinnvoll genutzt werden. Dies eröffnet bisher nicht zugängliche Möglichkeiten in der Materialanalyse mit Röntgenröhren.

Röntgenprismenlinsen (XPL) bestehen aus bis zu mehreren zehntausend einzeln stehenden Mikrokunststoffprismen und wurden mit Hilfe der Röntgentiefenlithographie mit der notwendigen Präzision hergestellt. Jedes einzelne Prisma wird dabei so positioniert, dass die Röntgenstrahlung zu einem möglichst hohen Anteil in den Fokus der Linse gelangt. Hierzu wurde ein entsprechendes Simulationsprogramm entwickelt. Das röntgentiefenlithographische Herstellungsverfahren erlaubt die Erzeugung von präzise zueinander positionierten Prismen mit glatten Seitenwänden in einem Arbeitsgang auf einem Substrat. Nach dem entsprechenden Belichtungs– und Entwicklungsschritt sind die Linsen ohne weitere Bearbeitungsschritte wie Polieren der optischen Oberflächen oder einer abschließenden Montage sofort einsatzfähig. Aufgrund der lithographischen Herstellungsweise erzeugen Prismenlinsen einen Linienfokus. Um einen Punktfokus zu erzeugen, sind daher zwei Prismenlinsen notwendig, die um 90° gegeneinander verdreht hintereinander in der optischen Achse angeordnet werden. Die Röntgenprismenlinsen wurden an der Synchrotronquelle ESRF charakterisiert, wobei eine Fokuslinie von 8 µm Halbwertsbreite und eine Intensitätserhöhung um den Faktor 21,5 in der Fokalebene beobachtet werden konnten. Diese Werte liegen im Bereich der theoretisch ermittelten Werte.

Aufgrund der Querschnitte der Prismen und deren räumlicher Anordnung ist die Höhe der Prismenstrukturen und damit das Aspektverhältnis auf etwa 10 begrenzt. Grund dafür sind die in den Strukturen wirkenden Kapillarkräfte. Um die volle Apertur in einer gekreuzten Linsenanordnung ausnutzen, beziehungsweise längere Fokallinien erzeugen zu können, muss das Aspektverhältnis der Prismenstrukturen weiter erhöht werden. Im Rahmen der Arbeit wurden Möglichkeiten aufgezeigt, wie dies erreicht werden kann. Eine Deckelung der Strukturen vor dem nasschemischen Entwicklungsprozess durch Aufkleben einer nicht entwickelbaren Schicht führt zu beidseitig eingespannten und so zu mechanisch stabileren Strukturen. Eine weitere Möglichkeit der Vermeidung der Kapillarkräfte stellt das Trocknen der Strukturen durch Einfrieren und Sublimieren der Entwicklerflüssigkeit nach Abschluss des Entwicklungsprozesses dar. Auf diese Weise wird der für die Strukturgeometrie schädliche Einfluss von Kapillarkräften durch Umgehung der flüssigen Phase bei der Herstellung der Prismenstrukturen vermieden. Beide Ansätze müssen in weiterführenden Arbeiten konsequent weiterverfolgt werden, um das in dieser Arbeit aufgezeigte Potential der Prismenlinsen voll nutzen zu können.

Die in der Arbeit genutzte Möglichkeit der individuellen Anordnung der Prismenelemente erlaubt auch die Realisierung von achromatischen Prismenlinsen. Ein ploychromatischer Röntgenstrahl wird auf Grund der Dispersion beim Durchlaufen einer Röntgenprismenlinse in Teilstrahlen unterschiedlicher Photonenenergie aufgespalten. Diese Strahlen könnten durch gezieltes Platzieren weiterer brechender Strukturen hinter der Prismenlinse getrennt in den Fokus gelenkt werden.

Die zweite in dieser Arbeit entwickelte Variante von Röntgenlinsen mit großer Apertur, die gerollten Röntgenlinsen (RXPL) bestehen statt aus singulären Prismenstrukturen wie Röntgenprismenlinsen, aus einer mikrostrukturierten und entsprechend den Anforderungen an Brennweite und Photonenenergie zugeschnittenen Folie aus Polyimid. Ein derartiger Ansatz zur Realisierung von Röntgenlinsen mit Punktfokus wurde im Rahmen dieser Arbeit erstmalig verfolgt. Zur einfachen Fertigung wurde ein Prozess entwickelt, mit dem die Folie durch Abformung der Oberflächenstruktur eines anisotrop geätzten Siliziumwafers hergestellt wird. Damit konnten Rauwerte im einstelligen Nanometerbereich erzielt werden. Dadurch eignet sich die strukturierte Folie gut als röntgenoptisches Element, weil das Röntgenlicht an ihr kaum gestreut wird. Durch die Abbildung der strukturierten Siliziumoberfläche trägt die Folie nach der Strukturierung auf einer Seite parallele Rippen mit dreiecksförmigem Querschnitt und sieht damit der Oberfläche eines Spargelfelds nicht unähnlich. Wird eine solche Folie aufgerollt, entsteht eine Röntgenrolllinse mit näherungsweise kreisförmigen Ringen mit einer Vielzahl von brechenden Mikrostrukturen. Als annähernd rotationssymmetrische Linsen erzeugen Röntgenrolllinsen einen punktförmigen Fokus.

Die Herausforderung bei der Herstellung der Linse liegt darin, die Trägerfolie für die Strukturen möglichst dünn, also im Bereich von 1 µm zu halten und den Verbund aus Trägerfolie und strukturierter Folie präzise aufzuwickeln. Hierzu wurde basierend auf der Erfahrung von Wicklungen per Hand eine Vorrichtung zur Unterstützung der manuellen Fertigung der Rolllinsen entwickelt, mit der die Qualität der Linsen deutlich verbessert werden konnte.

Die Herstellung der Folie erfolgt unabhängig von den gewünschten röntgenoptischen Eigenschaften der fertigen Linse. Diese werden erst beim Zuschnitt der Folie festgelegt. Durch die Parabelform des Folienstücks, die entsprechend den geforderten optischen Eigenschaften berechnet wird, wird die Anzahl der Linsenelemente in den einzelnen Spiralwindungen und damit die Brechkraft der Linse nach dem Aufrollen festgelegt. Damit ist die Folienfertigung universell und die Linsenherstellung kann aufgrund der Tatsache, dass bekannte Prozesse der Mikrostrukturtechnik für die Folienherstellung eingesetzt und die Wicklung halbautomatisch durchgeführt wird, auch kostengünstig erfolgen. Dies, die relativ geringe Größe der Linse in Form eines Stabes von wenigen Millimetern im Durchmesser und wenigen Zentimetern Länge sowie die einfache Handhabung eröffnen den erstmaligen Einsatz von refraktiven Röntgenlinsen in konventionellen Röntgengeräten.

Dies begründet auch das bereits in diesem frühen Entwicklungsstadium der Rolllinsen bestehende große Interesse seitens der Industrie an ihrem Einsatz. Es wurden zwei Industriepartner gewonnen, welche die weitere Entwicklung der von Rolllinsen finanziell und durch Bereitstellung von unternehmenseigener Infrastruktur unterstützen. Erste Rolllinsen wurden zur Charakterisierung mit Röntgenröhren als Strahlungsquellen in röntgenspektroskopischen und röntgendiffraktometrischen Aufbauten ausgeliefert.

Zukünftige Arbeiten an Rolllinsen sollten sich hauptsächlich auf die Erhöhung der Genauigkeit des Rollvorgangs konzentrieren, deren Steigerung das größte Potential zur Verbesserung der röntgenoptischen Eigenschaften der Rolllinsen bietet. Weitere Entwicklungsarbeit sollte in die Herstellung der mikrostrukturierten Folie in einem größeren technischen Maßstab fließen, um eine wirtschaftliche Produktion der Rolllinsen zu erreichen. Um das Potential der großen Apertur voll nutzen zu können, sollte die Fertigung der Folien von 4 Zoll auf 6 Zoll und langfristig auf 8 Zoll Wafer übertragen werden. Weiteres Potential bietet die Realisierung von Linsenformen, bei denen die Prismen dem Strahl folgen. Dadurch kann verhindert werden, dass ein Lichtstrahl auf seinem Weg durch die Linse auf die unstrukturierte Trägerfolie trifft. Dies könnte beispielsweise durch Aufrollen einer mikrostrukturierten Folie mit nicht konstanter Dicke erreicht werden. Durch einen wellenförmigen Zuschnitt nicht konstanter Periodenlänge der mikrostrukturierten Folie können außerdem astigmatische Rolllinsen hergestellt werden. Solche Linsen wären zur homogenen Probenbeleuchtung an Röntgenquellen mit nicht kreisförmiger Quellpunktgeometrie, wie beispielsweise Synchrotronquellen, geeignet. Die in dieser Arbeit entwickelten Linsen mit großer Apertur sind auch beim Aufbau eines röntgenröhrenbasierten Röntgenmikroskops für Photonenenergien größer 15 keV als Kondensorlinsen zur homogenen Ausleuchtung der Objektebene von großem Interesse. Zusammen mit den am Institut entwickelten und auf kleinstmöglichen Fokusdurchmesser hin optimierten brechenden Objektivlinsen – im Englischen *Compound Refractive Lenses (CRLs)* – aus dem Polymer SU–8 soll ein solches Mikroskop aufgebaut werden.

Literaturverzeichnis

[1] ARISTOV, V.; GRIGORIEV, M.; KUZNETSOV, S.; SHABELNIKOV, L.; YUNKIN, V.; WEITKAMP, T.; RAU, C.; SNIGIREVA, I.; SNIGIREV, A.; HOFFMANN, M.; VOGES, E.: X-ray refractive planar lens with minimized absorption. In: *Applied Physics Letters* 77 (2000), Nr. 24, S. 4058 – 4060

[2] ARISTOV, V. V.; SNIGIREV, A. A.; BASOV, Yu. A.; NIKULIN, A. Y.: X-ray Bragg optics. In: *AIP Conference Proceedings* 147 (1986), Nr. 1, S. 253 – 259

[3] ARTEMIEV, A. N.; SNIGIREV, A.; KOHN, V.; SNIGIREVA, I.; ARTEMIEV, N.; GRIGORIEV, M.; PEREDKOV, S.; GLIKIN, L.; LEVTONOV, M.; KVARDAKOV, V.; ZABELIN, A.; MAEVSKIY, A.: Planar parabolic X-ray refractive lens made of glassy carbon. In: *Nuclear Instruments & Methods in Physics Research, Section A: Accelerators, Spectrometers, Detectors, and Associated Equipment* 543 (2005), Nr. 1, S. 322 – 325

[4] BADE, K.: *Inhaltsstoffe von Negativ-Resisten.* persönliches Gespräch

[5] BERGER, M. J.; HUBBELL, J. H.; SELTZER, S. M.; CHANG, J.; COURSEY, J. S.; SUKUMAR, R.; ZUCKER, D. S.: *XCOM: Photon Cross Sections Database.* Version: 2009. http://physics.nist.gov/PhysRefData/Xcom/Text/XCOM.html, Abruf: 1. Okt. 2009

[6] CEDERSTRÖM, B.; CAHN, R. N.; DANIELSSON, M.; LUNDQVIST, M.; NYGREN, D. R.: Focusing hard X-rays with old LPs. In: *Nature* 404 (2000), Nr. 6781, S. 951 – 951

[7] DE CARO, L.; JARK, W.: Diffraction theory applied to X-ray imaging with clessidra prism array lenses. In: *Journal of Synchrotron Radiation* 15 (2008), Nr. 2, S. 176 – 184

[8] DEISENHOFER, J.; MICHEL, H.: *The Photosynthetic Reaction Centre From The Purple Bacterium Rhodopseudomonas Viridis*. Nobel Lecture, Dec. 1988

[9] DUDCHIK, Yu. I.; KOLCHEVSKY, N. N.; KOMAROV, F. F.; KOHMURA, Y.; AWAJI, M.; SUZUKI, Y.; ISHIKAVA, T.: Glass capillary X-ray lens: fabrication technique and ray tracing calculations. In: *Nuclear Instruments & Methods in Physics Research, Section A: Accelerators, Spectrometers, Detectors, and Associated Equipment* 454 (2000), November, Nr. 2-3, S. 512 – 519

[10] FREDENBERG, E.; CEDERSTRÖM, B.; SLUND, M. ; NILLIUS, P.; DANIELSSON, M.: An efficient pre-object collimator based on an x-ray lens. In: *Medical Physics* 36 (2009), Nr. 2, S. 626–633

[11] FRESNEL, A. J.: *Mémoire sur un nouveau système d'éclairage des phares*. Introduction et chapitre I du livre; édition revue par Alexis Clairaut ; imprimeurs Dessaint-Saillant et Lambert (1759); réédition Jacques Gabay (1990). - Imprimerie royale, 1822 (lu à l'Académie des sciences le 29 juillet 1822), 1822. – 34 S.

[12] *Kapitel* 14: Calcul de l'intensité de la lumière au centre de l'ombre d'un écran et d'une ouverture circulaires éclairés par un point radieux. In: FRESNEL, A. J.: *Œuvres complètes d'Augustin Fresnel, tome premier*. Paris : Imprimerie Impériale, 1866, S. 365 – 372

[13] *Kapitel* 8: Lithographic Fabrication of Mold Inserts. In: GUTTMANN, M.; SCHULZ, J.; SAILE, V.: *Microengineering of Metals and Ceramics; Part I: Design, Tooling, and Injection Molding*. Wiley-VCH Verlag GmbH & Co. KGaA, Weinheim, 2005 (Advanced Micro and Nanosystems), S. 188 – 219

[14] HARDING, G.; DAVID, B.; SCHLOMKA, J. P.: Liquid metal anode X-ray sources and their potential applications. In: *Nuclear Instruments & Methods in Physics Research, Section B: Beam Interactions with Materials and Atoms* 213 (2004), S. 189–196

[15] HEMBERG, O.; OTENDAL, M.; HERTZ, H. M.: Liquid-metal-jet anode electron-impact x-ray source. In: *Applied Physics Letters* 83 (2003), Nr. 7, S. 1483–1485

[16] HENKE, B. L.; GULLIKSON, E. M.; DAVIS, J. C.: X-Ray Interactions: Photoabsorption, Scattering, Transmission, and Reflection at E = 50-30,000 eV, Z = 1-92. In: *Atomic Data and Nuclear Data Tables* 54 (1993), Nr. 2, S. 181 – 342

[17] HEUCK, F. H.; MACHERAUCH, E.; RÜTTGERS, J.; HEUCK, F. H. (Hrsg.); MACHERAUCH, E. (Hrsg.): *Forschung mit Röntgenstrahlen: Bilanz eines Jahrhunderts (1895 - 1995) (German Edition).* 1. Springer-Verlag Berlin Heidelberg New York, 1995. – ISBN 9783540577188

[18] ISAKOVIC, A. F.; STEIN, A.; WARREN, J. B.; NARAYANAN, S.; SPRUNG, M.; SANDY, A. R.; EVANS-LUTTERODT, K.: Diamond kinoform hard X-ray refractive lenses: design, nanofabrication and testing. In: *Journal of Synchrotron Radiation* 16 (2009), Jan, Nr. 1, S. 8 – 13

[19] JARK, W.; PERENNES, F.; MATTEUCCI, M.; MANCINI, L.; MONTANARI, F.; RIGON, L.; TROMBA, G.; SOMOGYI, A.; TUCOULOU, R.; BOHIC, S.: Focusing X-rays with simple arrays of prism-like structures. In: *Journal of Synchrotron Radiation* 11 (2004), Nr. 3, S. 248 – 253

[20] JEFIMOVS, K.; VILA-COMAMALA, J.; STAMPANONI, M.; KAULICH, B.; DAVID, C.: Beam-shaping condenser lenses for full-field transmission X-ray microscopy. In: *Journal of Synchrotron Radiation* 15 (2008), Jan, Nr. 1, S. 106 – 108

[21] KIRKPATRICK, P.; BAEZ, A. V.: Formation of Optical Images by X-Rays. In: *Journal of the Optical Society of America* 38 (1948), Nr. 9, S. 766 – 773

[22] KRINSKY, S.; MILLS, D.; SUTTON, M.; YUN, W.; ICE, G.; BARUCHEL, J.; CLOETENS, P.; HÄRTWIG, J.; SCHLENKER, M.; WANG, Y.; SHEN, G.; RIVERS, M.; SUORTTI, P.; TSCHENTSCHER, T.; GIBBS, D.; HILL, J. P.; VETTIER, C.; HOWARD, A. J.; SCHOTTE, F.; TECHERT, S.; ANFINRUD, P.; SRAJER, V.; MOFFAT, K.; WULFF, M.; MILLS, Dennis M. (Hrsg.): *Third-Generation Hard X-Ray Synchrotron Radiation Sources: Source Properties, Optics, and Experimental Techniques.* Wiley-Interscience, 2002. – ISBN 9780471314332

[23] KUMAKHOV, M. A.; SHAROV, V. A.: A neutron lens. In: *Nature* 357 (1992), Nr. 6377, S. 390 – 391

[24] KUPKA, Roland K.; BOUAMRANE, Faycal; ROULLIAY, Marc; MEGTERT, Stephan: X-ray transmission lenses by deep x-ray lithography and LIGA technique: first results and fundamental limits. In: COURTOIS, Bernard (Hrsg.); CRARY, Selden B. (Hrsg.); EHRFELD, Wolfgang (Hrsg.); FUJITA, Hiroyuki (Hrsg.); KARAM, Jean M. (Hrsg.); MARKUS, Karen W. (Hrsg.): *Design, Test, and Microfabrication of MEMS and MOEMS* Bd. 3680, SPIE, 1999, S. 508 – 517

[25] KUYUMCHYAN, A.; ISOYAN, A. A.; SHULAKOV, E. V.; ARISTOV, V. V.; KONDRATENKOV, M.; SNIGIREV, A. A.; SNIGIREVA, I.; SOUVOROV, A.; TAMASAKU, K.; YABASHI, M.; ISHIKAWA, T.; TROUNI, K.: High efficiency and low absorption Fresnel compound zone plates for hard X-ray focusing. In: MANCINI, D. C. (Hrsg.): *Society of Photo-Optical Instrumentation Engineers (SPIE) Conference Series* Bd. 4783, 2002, S. 92 – 96

[26] LENGELER, B.; SCHROER, C.; TUMMLER, J.; BENNER, B.; RICHWIN, M.; SNIGIREV, A.; SNIGIREVA, I.; DRAKOPOULOS, M.: Imaging by parabolic refractive lenses in the hard X-ray range. In: *Journal of Synchrotron Radiation* 6 (1999), Nr. 6, S. 1153 – 1167

[27] LENGELER, B.; SCHROER, C. G.; BENNER, B.; GÜNZLER, T. F.; KUHLMANN, M.; TÜMMLER, J.; SIMIONOVICI, A. S.; DRAKOPOULOS, M.; SNIGIREV, A.; SNIGIREVA, I.: Parabolic refractive X-ray lenses: a breakthrough in X-ray optics. In: *Nuclear Instruments & Methods in Physics Research, Section A: Accelerators, Spectrometers, Detectors, and Associated Equipment* 467-468 (2001), Nr. 2, S. 944 – 950

[28] *Kapitel* 5: Lithographie, Abschnitt 8.3: Synchrotronstrahlung. In: MENZ, W.; MOHR, J.: *Mikrosystemtechnik für Ingenieure.* Wiley-VCH Verlag GmbH & Co. KGaA, Weinheim, 2005, S. 192 – 194

[29] MICHETTE, A. G.: No X-ray lens. In: *Nature* 353 (1991), Nr. 6344, S. 510

[30] NAZMOV, V.: *Zusammensetzung von SU-8.* Persönliches Gespräch

[31] NAZMOV, V.; REZNIKOVA, E.; LAST, A.; MOHR, J.; SAILE, V.; DIMICHIEL, M.; GÖTTERT, J.: Crossed planar X-ray lenses made from nickel for X-ray micro

focusing and imaging applications. In: *Nuclear Instruments & Methods in Physics Research, Section A: Accelerators, Spectrometers, Detectors, and Associated Equipment* 582 (2007), Nr. 1, S. 120 – 122

[32] NAZMOV, V. P.; REZNIKOVA, E. F.; SOMOGYI, A.; MOHR, J.; SAILE, V.: Planar sets of cross x-ray refractive lenses from SU-8 polymer. In: SNIGIREV, A. A. (Hrsg.); MANCINI, D. C. (Hrsg.): *Society of Photo-Optical Instrumentation Engineers (SPIE) Conference Series* Bd. 5539, 2004, S. 235 – 243

[33] PEREIRA, N. R.; DUFRESNE, E. M.; ARMS, D. A.; CLARKE, R.: Large-aperture x-ray refractive lens from lithium. In: *Design and Microfabrication of Novel X-Ray Optics II* Bd. 5539, SPIE, Denver, CO, USA, 2004, S. 174 – 184

[34] PEREIRA, N. R.; DUFRESNE, E. M.; CLARKE, R.; ARMS, D. A.: Parabolic lithium refractive optics for x rays. In: *Review of Scientific Instruments* 75 (2004), Nr. 1, S. 37 – 41

[35] REZNIKOVA, E. F.; MOHR, J.; HEIN, H.: Deep photo-lithography characterization of SU–8 resist layers. In: *Microsystem Technologies* 11 (2005), April, Nr. 4-5, S. 282–291. – ISSN 0946–7076 (Print) 1432–1858 (Online)

[36] *Kapitel* 1: Properties of Synchrotron Radiation. In: SAILE, V.: *23. IFF–Ferienkurs: Synchrotronstrahlung zur Erforschung kondensierter Materie.* Forschungszentrum Jülich GmbH, Institut für Festkörperforschung, 1992 (Ferienkurse des Forschungszentrums Jülich), S. 1.1–1.27

[37] SAILE, V.; WALLRABE, U.; O. TABATA, J. G. K.; KORVINK, J. G. (Hrsg.); BRAND, O. (Hrsg.); FEDDER, G. K. (Hrsg.); HIEROLD, C. (Hrsg.): *LIGA and its Applications.* Wiley-VCH Verlag GmbH & Co. KGaA, Weinheim, 2008 (Advanced Micro and Nanosystems Vol. 7)

[38] *Kapitel* 6-III-V. In: SAINT-HILAIRE, M. G.: *Œuvres complètes De Buffon, Tome I - Minéralogie.* Rue Saint-Martin, 173, Près Le Passage de L'Ancre, Paris : F. D. Pillot, 1837, S. 383

[39] SCHROER, C. G.; KUHLMANN, M.; HUNGER, M. D.; GÜNZLER, T. F.; KURAPOVA, O.; FESTE, S.; FREHSE, F.; DRAKOPOULOS, M.; SOMOGYI, H. R.; SIMIO-

NOVICI, A. S.; SNIGIREV, A.; SNIGIREVA, I.; SCHUG, C.; SCHRÖDER, W. H.: Nanofocusing parabolic refractive X-ray lenses. In: *Applied Physics Letters* 82 (2003), Nr. 9, S. 1485 – 1487

[40] SCHROER, C. G.; LENGELER, B.: Focusing Hard X Rays to Nanometer Dimensions by Adiabatically Focusing Lenses. In: *Physical Review Letters* 94 (2005), Nr. 5, S. 054802–1 – 054802–4

[41] SCHUSTER, M.; GÖBEL, H.: Application of Graded Multilayer Optics in X-ray Diffraction. In: *Advances in X-ray Analysis* 39 (1997), S. 57–71

[42] SIGNORATO, R.; ISHIKAWA, T.: R&D on third generation multi-segmented piezoelectric bimorph mirror substrates at Spring-8. In: *Nuclear Instruments & Methods in Physics Research, Section A: Accelerators, Spectrometers, Detectors, and Associated Equipment* 467-468 (2001), Nr. Part 1, S. 271 – 274. – ISSN 0168–9002

[43] SNIGIREV, A.; KOHN, V.; SNIGIREVA, I.; LENGELER, B.: A compound refractive lens for focusing high-energy X-rays. In: *Nature* 384 (1996), Nr. 6604, S. 49 – 51

[44] SNIGIREV, A.; SNIGIREVA, I.; VAUGHAN, G.; WRIGHT, J.; ROSSAT, M.; BYTCHKOV, A.; CURFS, C.: High energy X-ray Transfocator based on Al parabolic refractive lenses for focusing and collimation. In: *Journal of Physics: Conference Series* 186 (2009), S. 012073–1 – 012073–1

[45] SNIGIREVA, I.; SNIGIREV, A.; RAU, C.; WEITKAMP, T.; ARISTOV, V.; GRIGO-RIEV, M.; KUZNETSOV, S.; SHABELNIKOV, L.; YUNKIN, V.; HOFFMANN, M.; VOGES, E.: Holographic X-ray optical elements: transition between refraction and diffraction. In: *Nuclear Instruments & Methods in Physics Research, Section A: Accelerators, Spectrometers, Detectors, and Associated Equipment* 467-468 (2001), Nr. 2, S. 982 – 985

[46] STEIN, E. M.; WEISS, G.; GRIFFITHS, P. A. (Hrsg.); MATHER, J. N. (Hrsg.); STEIN, E. M. (Hrsg.): *Introduction to Fourier Analysis on Euclidean Spaces (PMS-32)*. Princeton University Press, 1971 (Princeton Mathematical Series). – 312 S.

[47] SUEHIRO, S.; MIYAJI, H.; HAYASHI, H.: Refractive lens for X-ray focus. In: *Nature* 352 (1991), Nr. 6334, S. 385 – 386

[48] SUSINI, J.; LABERGERIE, D.; ZHANG, L.: Compact active/adaptive x-ray mirror: Bimorph piezoelectric flexible mirror. In: *Proceedings of the 5th international conference on synchrotron radiation instrumentation* Bd. 66, AIP, 1995, S. 2229–2231

[49] Schutzrecht JP 6045288 (18. Feb. 1994) und US 5594773 (14. Jan. 1997) und US 5684852 (4. Nov. 1997) (1994, 1997). TOMIE, T. (Erfinder).

[50] VAUGHAN, D.; THOMPSON, A.; KIRZ, J.; ATTWOOD, D.; GULLIKSON, E.; HOWELLS, M.; KIM, K.; KORTRIGHT, J.; LINDAU, I.; PIANETTA, P.; ROBINSON, A.; UNDERWOOD, J.; WILLIAMS, G.; WINICK, H.: X-ray Data Booklet / Lawrence Berkeley National Laboratory. 2001. – Forschungsbericht

[51] Richtlinie VDI/VDE 5575 Blatt 1 November 2009. *Röntgenoptische Systeme.* – Begriffe

[52] WOLTER, H.: Spiegelsysteme streifenden Einfalls als abbildende Optiken für Röntgenstrahlen. In: *Annalen der Physik* 445 (1952), Nr. 1-2, S. 94 – 114

[53] WORGULL, M.: *Hot Embossing - Theory and Technology of Microreplication.* Elsevier Science Ltd., 2009 (Micro and Nano Technologies)

[54] YANG, B. X.: Fresnel and refractive lenses for X-rays. In: *Nuclear Instruments & Methods in Physics Research, Section A: Accelerators, Spectrometers, Detectors, and Associated Equipment* 328 (1993), Nr. 3, S. 578 – 587

[55] ZENG, X.; FESER, M.; HUANG, E.; LYON, A.; YUN, W.: Glass Monocapillary Optics and Their Applications in X-ray Microscopy. In: *AIP Conference Proceedings* 1221 (2010), S. 41 – 47

Schriften des Instituts für Mikrostrukturtechnik
am Karlsruher Institut für Technologie
(ISSN 1869-5183)

Herausgeber: Institut für Mikrostrukturtechnik

**Die Bände sind unter www.ksp.kit.edu als PDF frei verfügbar oder
als Druckausgabe bestellbar.**

Band 1   Georg Obermaier
**Research-to-Business Beziehungen: Technologietransfer durch Kommu-
nikation von Werten (Barrieren, Erfolgsfaktoren und Strategien).** 2009
ISBN 978-3-86644-448-5

Band 2   Thomas Grund
Entwicklung von Kunststoff-Mikroventilen im Batch-Verfahren. 2010
ISBN 978-3-86644-496-6

Band 3   Sven Schüle
**Modular adaptive mikrooptische Systeme in Kombination mit
Mikroaktoren.** 2010
ISBN 978-3-86644-529-1

Band 4   Markus Simon
Röntgenlinsen mit großer Apertur. 2010
ISBN 978-3-86644-530-7